高职院校翻转课堂
教学模式创新与实践

常涛／著

中国纺织出版社

内 容 提 要

本书基于 SPOC（Small Private Online Course），针对"现代棉纺技术"课程进行了翻转课堂教学模式的创新与实践。全书分五部分：何谓翻转课堂、高等职业教育教学现状、高职教学模式的改革、高职翻转课堂教学模式的建立、"现代棉纺技术"翻转课堂的设计与实践。

本书为高等职业教育教学模式改革研究与实践成果，适合作为高等职业教育专业改革实践的指导书，对广大职业院校进行专业课程改革具有重要的参考借鉴价值，同时可为职业教育人士进行课程教学改革提供理论和实践指导。

图书在版编目（CIP）数据

高职院校翻转课堂教学模式创新与实践/常涛著. -- 北京：中国纺织出版社，2018.3
ISBN 978 - 7 - 5180 - 4713 - 0

Ⅰ. ①高… Ⅱ. ①常… Ⅲ. ①棉纺织—课堂教学—教学研究—高等职业教育Ⅳ. ①TS11

中国版本图书馆 CIP 数据核字（2018）第 025496 号

策划编辑：孔会云　　特约编辑：王文仙　　责任校对：楼旭红
责任印制：何　建

中国纺织出版社出版发行
地址：北京市朝阳区百子湾东里 A407 号楼　邮政编码：100124
销售电话：010—67004422　传真：010—87155801
http://www.c-textilep.com
E-mail:faxing@ c-textilep.com
中国纺织出版社天猫旗舰店
官方微博 http://weibo.com/2119887771
北京玺诚印务有限公司印刷　各地新华书店经销
2018 年 3 月第 1 版第 1 次印刷
开本：710×1000　1/16　印张：8
字数：106 千字　定价：68.00 元

前　　言

　　《高职院校翻转课堂教学模式创新与实践》是在"推动互联网信息技术与高等职业教育的深度融合,创建人才培养模式,加强基础设施和信息资源建设,促进教育内容、教学手段和教学方法现代化[教育信息化十年发展规划(2011—2020)]"的国家教育发展战略主题背景下编写而成,内容充分体现了"互联网＋教育"的国家职业教育发展理念。本书针对高职院校现代纺织技术专业的核心课程"现代棉纺技术"进行了基于SPOC(Small Private Online Course)的翻转课堂教学模式的改革与实践,有效地促进了高等职业教育教学质量的提高和教学效果的改善。

　　本书基于对现有高职院校教学模式的调研分析,提出充分发挥互联网和SPOC在高等职业教育教学中的作用,探索在高职专业核心课程创建SPOC课程,并进行基于SPOC的翻转课堂教学模式改革。全书共分五部分:何谓翻转课堂、高等职业教育教学现状、高职教学模式的改革、高职翻转课堂教学模式的建立和"现代棉纺技术"翻转课堂的设计与实践。其中,第五部分以"现代棉纺技术"课程为基础,制作SPOC课程,并基于此进行翻转课堂教学模式的改革与实践。通过对比分析得出,翻转课堂教学模式可以有效提高学生的教学满意度,学生的学习积极性和参与度都有较大改善。

　　本书为山东省教育科学"十二五"规划2015年度课题《基于SPOC的高职翻转课堂教学模式研究》(课题批准号:ZC15014)的研究成果。

　　由于条件和水平有限,书中难免存在错误和不当之处,恳请广大读者对本书提出宝贵的意见和建议,以便修订时加以完善。

常涛

2017 年 12 月

目　　录

第一章　何谓翻转课堂 ································· 1

一、课堂 ····································· 1

二、课堂范式 ································· 3

三、翻转课堂 ································· 4

参考文献 ····································· 5

第二章　高等职业教育教学现状 ····················· 7

一、高职课堂教学模式的现状 ················· 7

二、当前高职课堂教学模式存在的问题 ········· 25

三、当前我国高职课堂教学模式存在问题的原因分析 ······· 29

参考文献 ····································· 33

第三章　高职教学模式的改革 ····················· 34

一、教学模式 ································· 34

二、教学模式相近概念辨析 ··················· 36

三、教学模式发展 ··························· 38

四、当代学科型教学模式 ····················· 43

五、高职教育教学模式现状 ··················· 47

六、高职教育主要教学模式 ··················· 50

第四章　高职翻转课堂教学模式的建立 ··············· 61

一、翻转课堂教学模式的理论依据 ············· 61

二、翻转课堂教学模式 ······················· 67

三、翻转课堂教学模式优缺点分析 ············· 80

参考文献 ····································· 83

第五章　"现代棉纺技术"翻转课堂的设计与实践 …………………… 85

一、信息化环境下翻转课堂教学设计 …………………………………… 85

二、前端分析 ……………………………………………………………… 86

三、课程服务体系设计 …………………………………………………… 91

四、翻转课堂教学模式在"现代棉纺技术"课程中的实施步骤 ……… 98

五、"现代棉纺技术"课程单元评价及综合评价 ……………………… 116

六、翻转课堂学习满意度调查 …………………………………………… 120

第一章 何谓翻转课堂

翻转课堂是时代发展的产物,翻转课堂的出现与技术进步、教学理论的发展与应用分不开。研究翻转课堂,首先要弄清课堂。

一、课堂

课堂,在现代汉语词典中的解释是:教室在用来进行教学活动时叫课堂,泛指进行各种教学活动的场所。在英文中,课堂与教室,均为"classroom",多数英汉词典也把"classroom"解释为教室、课堂,并列为一处,把课堂看作是教师与学生进行教学活动的场所。

有学者认为,教室与课堂是有区别的,教室只是一个固定的物质场所,课堂却是师生互动、充满活力、具有复杂结构的有机体。有专家认为课堂和教室有本质不同,教室主要指进行教学活动的场所,课堂则是教师、学生与环境之间形成的互动情境。

1. 场所论

夸美纽斯创设班级授课制以来,课堂教学便逐渐成为学校教育的一种主要形式,课堂成为学生系统学习法定文化的一个基本场所[1]。

课堂是从事教学、完成某些活动、实现某种价值的场所[2]。广义的课堂,可以泛指进行各种教学活动的场所,课堂可以是时间不固定的,空间也涉及社会、学校和家庭等一切可以从事教育性的实践活动和认识活动的场所。狭义的课堂,是指在学校中被用来进行教学活动,通过教与学的活动,使学习者掌握知识、发展智力、提升能力、培养其品德、促进其个性发展的场所[3]。

2. 活动论

课堂是教师组织和引领学生开展学习活动、教与学互动的一种组织形式,是一个活动过程,这个活动过程不是简单的人与物的运作,而是教师与学生、学生与学生之间传递信息、对话交流、发展认识的生命活动[4]。在这里,课堂即课堂教学,课堂教学即课堂,课堂成为课堂教学的缩略语,课堂教学是课堂中发生的最主要、最基本、最频繁的活动,是课堂存在的依据和基础。与把课堂等同于场所相比,是认识上的进一步深化。

3. 综合论

课堂是包括教学环境、教学活动、课程、师生关系等的综合体,即人才培养的专门场所[5]。这种观点把课堂作为教学研究的一个特殊对象,把课堂作为教学的现象与规律发生的主要场域,把课堂作为课程与教学研究的一个自然实验室。因此,课堂不再单纯是教学活动的场所和环境,课堂已经成为课程与教学活动的综合体。

4. 共同论

课堂是包括精神、信任、交往、学习四部分的学习共同体。精神是指归属感,以及全体的统一性。信任是指成员间及整个共同体能够被信任的、相互之间反馈及时而富有建设性。交往是指在与其他人交往中产生了亲密感和互惠。学习是指知识和意义是在共同体内积极建构而成的,共同体促进了知识和理解的获得,其成员的教育需求得以满足[6]。

课堂作为学习共同体,是一个自由的共同体、一个生命的共同体、一个有序的共同体、一个智慧的共同体。其实质是把教师和学生从一种客位的生活状态,转向一种主位的生活状态[7]。

5. 生命论

课堂是一个充满活力的生命体。这个生命体的主角就是充满好奇心和怀有学习热情的学生,以及启发学生如何学习的教师和辅导者。课堂是自由的、开放的[8]。

课堂是一个充满活力的生命整体,处处蕴含着矛盾,其中,生成与预设之间的平衡与突破,是课堂中一个永恒的主题。预设与生成是辩证的对立统一体,课堂教学既需要预设,也需要生成[9]。预设体现的是对文本的尊重,教学的计划性;生成体现的则是对学生的尊重,教学的动态开放性。预设与生成是课堂教学的两翼,缺一不可,两者具有互补性,我们的课堂教学实际上总是在努力追寻着预设与生成之间的一种动态平衡[10]。

构建一个能够对当前高等职业教育人才培养的翻转课堂,必须对传统的课堂进行审视认识,对课堂进行全面系统的革新,追求一种充满灵性的课堂。教学是有生命的,教学的生命是融入主体参与下的不断生成的课堂之中的。因此,课堂不仅是知识建构的空间,更是学生生命活动的场所[11]。

二、课堂范式

所谓课堂范式,是指教师群体在课堂这一特定教育、教学场域中,共同认知、公认价值和常用技术的总和。范式具体体现在教育价值取向、教学目标确定、教学内容选择、师生角色与关系、教学行为表征、教学结果评价、课堂文化七方面。

在历史发展中,课堂范式先后经历了以东方的孔子和西方的苏格拉底、西塞罗、昆体良为代表的"自然课堂"范式,在赫尔巴特教育原理指导下的"主知课堂"范式,在杜威的实用主义教育哲学关照下的"经验课堂"范式,以科技理性为时代背景的"主考课堂"范式。

根据价值本体和任务本体的不同,以班级授课制为主要组织形式的课堂,主要有知本、力本、生本三种范式。

(1)知本课堂范式,是知本主义理论在教育教学中的具体体现,它以知识能改变个体命运、推动社会发展为课堂价值本体,以知识的生产、学习、运用为课堂任务本体,是课堂目标确定、教学内容选取、教学结果评价等方面的共同体现与统称。

(2)力本课堂范式,是能力本位教育在课堂教学中的体现,它以获取良好社会适应力和发展力为课堂价值本体,以培养学生良好社会适应力和发展力为课堂任务本体,是课堂目标确立、教学内容选取、教学结果评价等方面的共同体现与统称。

(3)生本课堂范式,是人本主义思潮在教育教学中的体现,它以人的生命成长为课堂价值本体,以注重师生的生命尊严、生命价值、生命意义、生存体验为任务本体,是课堂目标确立、教学内容选取、教学结果评价等方面的共同体现与统称。

根据课堂所用技术不同及其对教与学过程支持和影响的差异,课堂分为真实课堂、虚拟课堂、混合课堂三种范式。

(1)真实课堂范式,是基于实体课堂空间,师生面对面进行教学交流和互动,教学过程主要依赖黑板及白板书写技术、教学投影等技术,教师借助于相应的技术支持,展现准备好的教学内容,组织教学活动。

(2)虚拟课堂范式,是基于网络构建的虚拟空间进行教与学的活动,师生之间互动主要基于交流工具,学生可以借助互联网获得丰富的资源支持。

(3)混合课堂范式,是混合学习理论在课堂设计上的体现,能充分展现真实课堂中的师生和生生面对面互动、情境创设等特点,发挥虚拟课堂在资源接入、学习者自主学习、基于网络的协作学习、同步和异步交流与互动等特点,将现实课堂与虚拟课堂的相互连接、互为延伸、互动互补融为一体。

每一种课堂范式都有自己的特征、优势和不足,目前更多的是几种范式交融并存。课堂将更多地朝着生本范式、混合课堂范式的方向发展,应充分利用混合课堂在资源、技术、环境方面的支持,促进课堂主体的发展。

三、翻转课堂

翻转课堂(Flipped Classroom 或 Inverted Classroom),也称反转课堂或颠倒课堂,自 2000 年正式提出至 2011 年初步形成,人们一直致力于对其进行界定。

1. 国外学者的界定

美国经济学家莫林·拉赫(MaureenJ. Lage)和格伦·普拉特(Glenn J. Platt)认为:翻转课堂即在传统教室里发生的事情现在发生在课堂之外,反之亦然。学习技术的使用,尤其是多媒体,为学生学习提供了新的学习机会[12]。这是对翻转课堂的最早定义,只是简单描述了翻转课堂中发生的转变,并未从教学模式的角度对翻转课堂教学模式做出定义。

英特尔全球教育总监 Brian Gonzalez 认为,"颠倒的教室"是指教育者赋予学生更多的自由,把知识传授的过程放在教室外,让大家选择最适合自己的方式接受新知识;而把知识内化的过程放在教室内,以便同学之间、同学和老师之间有更多的沟通和交流[13]。Brian Gonzalez 对翻转课堂的定义鲜明地体现出翻转课堂与传统课堂的区别,但只是描述在翻转课堂里发生的相关事件,并未对翻转课堂教学模式做出定义。

2011 年 7 月在美国科拉多州举办的翻转课堂大会上,Jonathan Bergmann 协同与会老师认为:翻转课堂是一种手段,它增加了学生和老师之间互动化和个性化的接触时间;它是一种个性化的教学环境,在此环境下学生可以得到个性化的教育,学生必须对自己的学习负责,学生的课堂积极性很高;老师不再是讲台上的"圣人"和"独裁者",而是学生学习的真正指导者;它使教学内容得到保存,学生可随时根据自己的情况进行复习,使课堂缺席的学生不被甩在后面;它是一种混合了直接讲解与建构主义学习的一种教学模式[14]。他们对翻转课堂教学模式做出实质性的探讨,翻转课堂教学模式是一种手段,是为学生提供个性化的学习环境。

2. 国内学者的界定

自翻转课堂传入中国以来,我国教育界也掀起探索翻转课堂的浪潮。

马秀麟认为,翻转课堂是把"老师白天在教室上课,学生晚上回家做作业"的传统教学结构颠倒安排,让学习者在课外时间完成针对知识点和概念的自主学习,课堂变成教师和学生的互动场所,通过解答疑惑、合作讨论等策略促进知识内化的模式[15]。描述了翻转课堂教学模式中课堂和课外的教学活动,更清楚地解释了翻转课堂教学模式中的教学事件。

张金磊认为翻转课堂又称"颠倒课堂",是通过对知识传授和知识内化的颠倒安排,改变传统教学中的师生角色,并对课堂时间的使用进行重新规划的新型教学模式[16]。从知识内化的角度出发,翻转课堂教学模式可以在课堂中实现知识内化。

钟晓流认为翻转课堂就是在信息化环境中,课程教师提供以教学视频为主要形式的学习资源,学生在上课前完成对教学视频等学习资源的观看和学习,师生在课堂上一起完成作业、答疑、协作探究和互动交流等活动的一种新型的教学模式[17]。自此,翻转课堂教学模式有了比较全面的界定。翻转课堂教学模式以信息化环境、教学视频为主要特征,这是翻转课堂教学模式与其他教学模式的不同之处。

通过以上分析,本研究认为,若要清楚明白翻转课堂教学模式,需要明白它所服务的范围。翻转课堂教学模式主要针对学生知识学习而言,并不包括学生的体能、美育等其他方面的学习。相比传统课堂而言,它所不同的是实现了学生知识传授和知识内化两个时间和空间的逆转。每种教学模式都有其特定的使用条件,翻转课堂教学模式也如此。它需要借助信息技术手段,完成知识的课前学习;课中需要用不同的学习活动帮助学生实现知识的内化。知识的内化在课堂中实现,实现的方式是通过师生、生生之间不同的协作活动。通过分析,本研究把翻转课堂教学模式定义为:以信息技术为依托,通过现代教育技术制作教学视频,使学生在课前完成知识的接受,教师课中为学生提供协作学习和交流的机会,帮助学生实现知识的内化学习,以此影响学生的学习环境,使学生真正成为学习主人的一种新型教学模式。翻转课堂教学模式与传统课堂教学模式的主要区别在于翻转课堂教学模式借助于教育技术和互动化的课堂活动,改变了学生之前的学习环境。

参考文献

[1]吴康宁.课堂教学社会学[M].南京:南京师范大学出版社,1999:1.

[2]佐藤学.课程与教师[M].钟启泉译.北京:教育科学出版社,2003:139.

[3]潘光文.课堂的生态学研究[D].西南师范大学,2004:4-11.

[4]闫祯,郭建耀.论课堂管理及其对教学的促进功能[J].教学与管理,2009,(18):13-15.

[5]王鉴.课堂研究概论[M].北京:人民教育出版社,2007:59-60.

[6]郑藏.学习共同体—文化生态学习环境的理想架构[M].北京:教育科学出版社,2007:129.

[7]安富海.课堂:作为学习共同体的内涵及特点[J].江西教育科研,2007,(10):106-108.

[8]吴兆颐.超越课堂:21世纪教与学的新视野[M].济南:山东人民出版社,2009.

[9]赵小雅.课堂:如何让"预设"与"生成"共精彩[N].中国教育报,2006-4-14.

[10]课堂教学的预设与生成是辩证的对立统一体[EB/OL].http://gxpx.cersp.com/article/browse/96077.jspx,

[11]程吕生.新课程导引下的课堂是什么[J].小学教学研究,2007,(9):30-31.

[12]Maureen J. Lage, Glenn J. Platt, and Michael Treglia. Inverting the Classroom: A Gateway to Creating an Inclusive Learning Environment [J]. Journal of Economic Education, 2000:30-43.

[13]未来的课堂:颠倒的教室[EB/OL].http://www.yb.cn/ad/news/201110/t20111010_456993.hlml,2011-10-10.

[14]The Flipped Class:Myths vs Reality. The Flipped Class:What it is and What it is Not. [EB/OL]http://www.thedailyriff.com/articles/the-flipped-class-conversation-689.php.

[15]马秀麟,等.大学信息技术公共课翻转课堂教学的实证研究[J].远程教育,2013,(1):79-85.

[16]张金磊,等.翻转课堂教学模式研究[J].远程教育,2012,(4):46-51.

[17]钟晓流,等.信息化环境中基于翻转课堂理念的教学设计研究[J].开放教育研究,2013(2):58-64.

第二章 高等职业教育教学现状

一、高职课堂教学模式的现状

本研究从山东省高职院校中选取有代表性、不同层次水平的学校为研究样本。

国家示范校:山东商业职业技术学院、山东科技职业学院、日照职业技术学院。

山东省名校:济南工程职业技术学院、山东交通职业学院、山东水利职业学院、山东理工职业学院、聊城职业技术学院、山东电子职业技术学院、山东中医药高等专科学校。

其他高职校:菏泽医学高等专科学校、枣庄科技职业学院、山东服装职业学院、山东外国语职业学院。

高职课堂教学模式调查问卷发布在问卷星(https://sojump.com/jq/13100733.aspx)上,共收到有效调查问卷1778份。经过信效度检验,调查获得的结果是真实有效的。本次调查共设置了27个问题,包括学生基本信息问题4个、高职课堂教学模式现状问题23个(课堂教学模式4个、课堂教学11个、教学设计3个、课程评价5个)。

(一)调查样本基本情况

本次调查收到1778份有效问卷,其中,男女生比例为41.79∶58.21,一、二、三年级的比例为69.52∶26.94∶3.54,分别如图2-1、图2-2所示。

(二)教学模式比较

调查结果显示,目前高职课堂教学模式的主流还是以课堂、书本、教师为中心的讲授式教学模式。主要以"教师讲,学生听"的形式呈现,通过对1778名学生进行问卷调查验证了这一点。从图2-3中可以发现,选择讲授式教学模式的学生占学生总数的80.71%,选择其他教学模式的人数不到20%,其中,研讨式教学模式

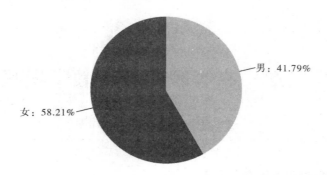

图 2 - 1 调查学生的男女生比例

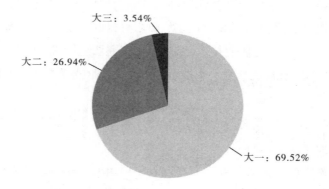

图 2 - 2 调查学生所在年级的占比

占 10.57%,自主学习教学模式占 3.49%,在线教学模式占 3.21%,选择其他教学模式的人数为 2.02%。

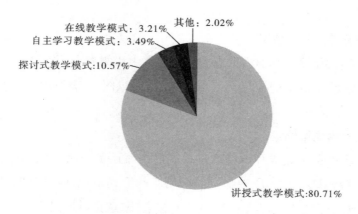

图 2 - 3 当前教师采用的高职课堂教学模式所占比率

对于上述五种高职课堂教学模式,采用单因素方差分析方法,考察了不同课堂教学模式下高职学生收获的差异、学生满意度的差异。

1. 不同教学模式收获的方差分析

不同教学模式下收获的差异见表2-1~表2-3。

表2-1 不同教学模式下收获的描述

课堂教学模式	N	均值	标准差	标准误差	均值的95%置信区间		极小值	极大值
					下限	上限		
讲授式教学模式	1435	2.14	0.954	0.025	2.09	2.19	1	5
研讨式教学模式	188	1.71	0.735	0.054	1.60	1.81	1	3
自主学习教学模式	62	2.35	1.088	0.138	2.08	2.63	1	5
在线教学模式	57	2.21	0.959	0.127	1.96	2.46	1	4
其他	36	2.50	1.342	0.224	2.05	2.95	1	5
总数	1778	2.11	0.959	0.023	2.07	2.16	1	5

注 均值差的显著性水平为0.05。

表2-2 不同教学模式下收获的方差

	平方和	d_f	均方差	F	显著性
组间	41.585	4	10.396	11.570	0
组内	1593.142	1773	0.899		
总数	1634.727	1777			

表2-3 不同教学模式对应收获的多重比较

课堂教学模式(I)	课堂教学模式(J)	均值差(I-J)	标准误差	显著性	95%置信区间	
					下限	上限
讲授式教学模式	研讨式教学模式	0.433*	0.074	0	0.29	0.58
	自主学习教学模式	-0.214	0.123	0.082	-0.46	0.03
	在线教学模式	-0.070	0.128	0.586	-0.32	0.18
	其他	-0.359*	0.160	0.025	-0.67	-0.05
研讨式教学模式	讲授式教学模式	-0.433*	0.074	0	-0.58	-0.29
	自主学习教学模式	-0.647*	0.139	0	-0.92	-0.38
	在线教学模式	-0.503*	0.143	0	-0.78	-0.22
	其他	-0.793*	0.172	0	-1.13	-0.45

续表

课堂教学 模式（I）	课堂教学 模式（J）	均值差 （I－J）	标准误差	显著性	95% 置信区间	
					下限	上限
自主学习教学模式	讲授式教学模式	0.214	0.123	0.082	－0.03	0.46
	研讨式教学模式	0.647 *	0.139	0.000	0.38	0.92
	在线教学模式	0.144	0.174	0.407	－0.20	0.49
	其他	－0.145	0.199	0.465	－0.53	0.24
在线教学模式	讲授式教学模式	0.070	0.128	0.586	－0.18	0.32
	研讨式教学模式	0.503 *	0.143	0	0.22	0.78
	自主学习教学模式	－0.144	0.174	0.407	－0.49	0.20
	其他	－0.289	0.202	0.152	－0.69	0.11
其他	讲授式教学模式	0.359 *	0.160	0.025	0.05	0.67
	研讨式教学模式	0.793 *	0.172	0	0.45	1.13
	自主学习教学模式	0.145	0.199	0.465	－0.24	0.53
	在线教学模式	0.289	0.202	0.152	－0.11	0.69

＊. 均值差的显著性水平为 0.05。

表 2－1 是对不同教学模式下,受访对象收获的描述统计,均值越大,代表收获越小,由表中的数字看出,在 5 种教学模式中,研讨式教学模式对应的均值最小,明显小于其他教学模式,通过表 2－2 的方差分析可以看出,不同教学模式对应的收获的差异通过了显著性检验($F = 11.570, P = 0.000 < 0.05$),说明 5 种模式的收获存在整体的差异。为具体分析两两教学模式的收获差异,运用 LSD 方法进行了两两检验,结果见表 2－3,讲授式教学模式和研讨式教学模式、自主学习教学模式以及其他类型的教学模式对应的收获存在显著的差异。具体而言,讲授式教学模式的收获均值显著大于研讨式教学,显著小于自主学习模式和其他类的教学模式,说明讲授式教学模式的收获小于研讨式教学,大于自主学习模式和其他类的教学模式的收获。研讨式教学模式与其他 4 种教学模式收获的差异均通过了统计学检验,并且显著性较小,说明,研讨式教学模式对应的收获显著高于其他 4 种教学模式。

2. 对不同教学模式满意度的方差分析

对不同教学模式满意度的差异检验见表 2－4 ~ 表 2－6。

表 2 - 4　不同教学模式满意度的描述

课堂教学模式	N	均值	标准差	标准误差	均值的95%置信区间		极小值	极大值
					下限	上限		
讲授式教学模式	1435	2.15	0.848	0.022	2.10	2.19	1	5
研讨式教学模式	188	1.79	0.712	0.052	1.69	1.90	1	3
自主学习教学模式	62	2.37	0.962	0.122	2.13	2.62	1	5
在线教学模式	57	2.04	0.886	0.117	1.80	2.27	1	5
其他	36	2.50	1.298	0.216	2.06	2.94	1	5
总数	1778	2.12	0.861	0.020	2.08	2.16	1	5

表 2 - 5　不同教学模式满意度的方程

	平方和	d_f	均方差	F	显著性
组间	30.668	4	7.667	10.574	0
组内	1285.575	1773	0.725		
总数	1316.243	1777			

表 2 - 6　不同教学模式满意度的多重比较

课堂教学模式（I）	课堂教学模式（J）	均值差（I - J）	标准误差	显著性	95%置信区间	
					下限	上限
讲授式教学模式	研讨式教学模式	0.354 *	0.066	0	0.22	0.48
	自主学习教学模式	- 0.225 *	0.110	0.042	- 0.44	- 0.01
	在线教学模式	0.111	0.115	0.333	- 0.11	0.34
	其他	- 0.354 *	0.144	0.014	- 0.64	- 0.07
研讨式教学模式	讲授式教学模式	- 0.354 *	0.066	0	- 0.48	- 0.22
	自主学习教学模式	- 0.578 *	0.125	0	- 0.82	- 0.33
	在线教学模式	- 0.243	0.129	0.060	- 0.50	0.01
	其他	- 0.707 *	0.155	0	- 1.01	- 0.40
自主学习教学模式	讲授式教学模式	0.225 *	0.110	0.042	0.01	0.44
	研讨式教学模式	0.578 *	0.125	0	0.33	0.82
	在线教学模式	0.336 *	0.156	0.032	0.03	0.64
	其他	- 0.129	0.178	0.470	- 0.48	0.22

课堂教学 模式(I)	课堂教学 模式(J)	均值差 (I－J)	标准误差	显著性	95%置信区间	
					下限	上限
在线教学模式	讲授式教学模式	－0.111	0.115	0.333	－0.34	0.11
	研讨式教学模式	0.243	0.129	0.060	－0.01	0.50
	自主学习教学模式	－0.336*	0.156	0.032	－0.64	－0.03
	其他	－0.465*	0.181	0.010	－0.82	－0.11
其他	讲授式教学模式	0.354*	0.144	0.014	0.07	0.64
	研讨式教学模式	0.707*	0.155	0	0.40	1.01
	自主学习教学模式	0.129	0.178	0.470	－0.22	0.48
	在线教学模式	0.465*	0.181	0.010	0.11	0.82

注 均值差的显著性水平为0.05。

由表2－4可看出,在以上各种教学模式中,研讨式教学模式对应的满意度的均值最小,说明对研讨式教学模式满意度最高。表2－5是对不同教学模式满意度的方差分析,由结果看出,不同教学模式的满意度存在整体的差异,且通过了统计学检验($F = 10.574$, $P = 0 < 0.05$),表2－6是对不同教学模式的满意度进行两两检验的结果,由结果看出,讲授式教学模式的满意度和研讨式教学模式、自主学习教学模式以及其他类教学模式的满意度均存在显著差异,通过了显著性检验。具体而言,讲授式教学的满意度显著小于研讨式教学,而显著高于自主式教学和其他类教学的满意度。研讨式教学模式的满意度和其他4种教学模式的满意度均存在显著差异,且均值显著较小,说明研讨式教学的满意度显著高于其他四种模式。

综上所述,当前我国高职课堂教学模式主要还是以讲授为主的讲授式教学模式,通过该模式,部分学生的收获、满意度不高。随着互联网的发展,该模式越来越不适应学生发展的需要。

高职课堂教学模式不是孤零零存在的,而是由教师、学生、教学内容、教学方法、教学评估等诸要素共同搭配构成的结构和程序。这些要素深深地影响了高职课堂教学模式的改革,影响了课堂教学的质量和水平,因此有必要对这些要素进行现状调查。

(三)课堂教学主体现状

高职课堂教学模式的主体主要是教师和学生。教师是课堂教学的主体,学生是课堂学习的主体。本研究侧重对高职课堂教学模式中教师的现状进行调查,也从另一个侧面对学生的现状有了一个清晰的认识。

1. 教师角色

教师角色主要是指教师所具有的与其社会地位、社会身份相联系的被期望行为[1]。在不同高职课堂教学模式的指导下,教师角色有所不同。这就使得教师所扮演的角色或许与社会和学生的期望相符合,或者与期望不符。问卷调查结果显示:在关于"您认为您的老师目前所扮演的角色主要是"这一问题上,1778 名学生的选择见表 2 - 7。

表 2 - 7 您认为您的教师目前所扮演的角色

教师目前所扮演的角色	人数	比例
传道授业解惑者	1374	77. 28%
指导者	1211	68. 11%
协调管理者	542	30. 48%
研究者	278	15. 64%
朋友	551	30. 99%
本题有效填写人次	1778	

其中有 1374 名学生选择了"传道授业解惑者",占总人数的比例高达 77. 28%,位居第一;"指导者"角色位居第二,占总人数的比例为 68. 11%;"朋友"角色和"协调管理者"角色分别位居第三、第四,其比例分别为 30. 99%、30. 48%;排名最后的则是"研究者"角色,占总人数的比例仅为 15. 64%。

对"高职教师在课堂教学中扮演的最主要角色"进行了统计分析,如图 2 - 4 所示。由图 2 - 4 得知,在高职教师在课堂教学中扮演的最主要角色的统计中,"传道授业解惑者"角色依然排名第一,占总人数的 34. 73%,"研究者"角色依然排最后一名,占总人数的百分比仅为 7. 03%。

由此可见,目前高职课堂教学中,教师主要扮演着"传道授业解惑者"的角色,这与讲授式教学模式是一致的。

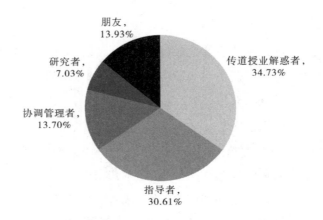

图 2-4 高职教师在课堂教学中扮演的最主要角色所占比率

2. 预习情况

关于学生课前对课程内容的预习情况,调研结果显示:总是在课前预习课程内容的学生仅为 10.18%,经常预习的学生占 24.24%,偶尔预习的学生占 54.27%,从不在课前预习课程内容的学生占 11.3%,如图 2-5 所示。综合分析,仅仅有1/3 的学生养成了课前预习课程内容的习惯,2/3 的学生仍然习惯于仅仅是上课听讲进行学习,没有形成自主学习的良好习惯。

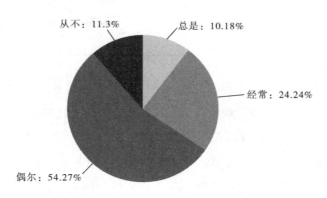

图 2-5 学生课前对课程内容的预习情况

关于高职教师对学生课前预习的关注情况,调研结果显示:教师总是了解和关注学生预习情况的为 18.9%,经常了解和关注学生预习情况的为 35.6%,教师偶尔和从不了解和关注学生预习情况的为 45.5%,他们分别为 38.3% 和 7.2%,如图2-6 所示。

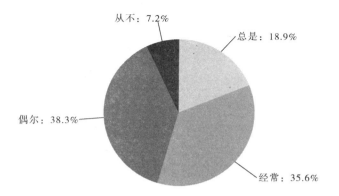

图 2 - 6　高职教师对学生课前预习的关注情况

由此可见,高职教师对学生课程预习情况的了解和关注仍然需要加强。

3. 教师参考学生意见的情况

通过对 1778 名同学调查情况的统计分析发现,在高职课堂教学中,教师经常参考学生意见的情况占总数的 61.3%,偶尔参考学生意见的占总数的 33.86%,几乎不参考学生意见的仅占总数的 4.84%。如图 2 - 7 所示。

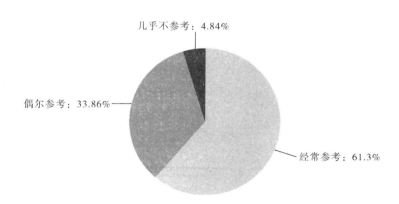

图 2 - 7　课堂教学中教师参考学生意见的情况

在高职院校中,教师对学生的意见相对来讲比较重视,会经常参考学生的意见,了解学生情况,调整教学内容或教学的安排,以适应当前高职学生的学习特点。

4. 师生互动情况

师生关系和谐与否决定着高职课堂教学的质量,主要通过师生课上与课后的互动来体现。

15

（1）课上师生互动。通过统计发现,课上师生互动主要以课堂提问的形式表现,选择比例高达 85.15%,学术知识探讨排名第二,比例为 34.7%,提出授课建议位居第三,选择比例占 24.58%,其他形式排名最后,比例为 15.19%,见表 2 - 8。

表 2 - 8 课上师生互动情况

课上师生互动方式	人数	比例	
课堂提问	1514		85.15%
进行学术知识探讨	617		34.7%
针对老师的授课内容提出建议	437		24.58%
其他	270		15.19%
本题有效填写人次	1778		

对课上师生互动方式进行了统计分析,如图 2 - 8 所示。

由图 2 - 8 得知,在关于课上师生互动方式的统计中,"课堂提问"依然排名第一,占总人数的 53.35%;进行学术知识探讨,占总人数的 21.74%;针对老师的授课内容提出建议,占总人数的 15.40%;其他形式仍排名最后,比例为 9.51%。

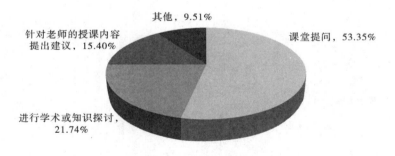

图 2 - 8 课上师生互动方式

由此可见,目前高职课堂教学中,课上师生互动的主要方式仍然是"课堂提问"。不过在高职课堂上,进行学术知识探讨以及针对老师授课内容提出建议的互动方式也在逐渐增加,但仍有大幅度提高的空间。

专门针对互动方式最频繁(相比其他三种方式而言)的教师课堂提问情况进行了调查,调查结果显示:选择教师提问情况很多和较多的学生分别为 19.97%、35.94%,占总数的比例达到 55.91%;一般、较少和很少的学生分别为 36.16%、5.12% 和 2.81%,占总数的 44.09%,如图 2 - 9 所示。由此可见,课上教师提问仍会继续增加,使课堂互动率(课堂上互动学生数占课堂学生数的百分率)更高。

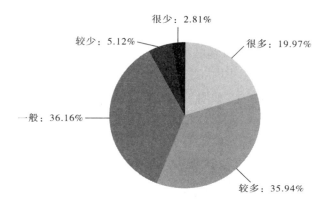

图 2-9 教师课堂提问情况

(2)课后师生互动。课后教师和学生的互动情况,可以通过互动方式和互动次数体现。关于师生互动方式,通过调查统计发现,学生选择数由高到低排列分别为:学生主动向老师请教学科知识(27.45%)、其他(26.38%)、老师主动与学生沟通学习问题(15.41%)、老师让学生传达班级任务(11.47%)、老师主动与学生沟通生活问题(11.3%)、学生主动与老师交流生活问题(7.99%),如图 2-10 所示。

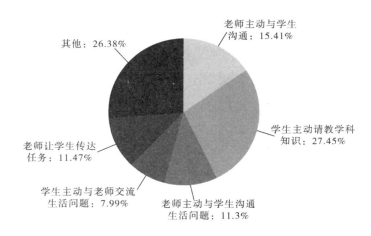

图 2-10 课后师生几种互动方式的占比

可见,师生课后互动方式主要是学生主动向老师请教学科知识问题,而教师找学生主动沟通学习问题、传达班级任务、沟通生活问题的情况总占比也达到了38.18%,说明当下高职院校教师在课后师生互动上还是比较主动的,但仍有较大的提升空间。

关于师生的互动次数,本研究以月为单位进行统计。选择平均每月 1~5 次的占比为 32.4%,平均每月 5~10 次占 28.68%,平均每月 10 次以上的占 16.93%,几乎无互动的人数占 21.99%,如图 2-11 所示。

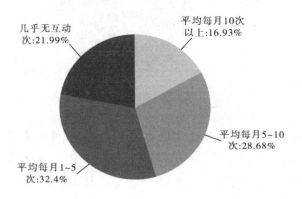

图 2-11　课后师生互动次数占比

针对师生每月的互动次数,进一步追问了学生对该次数的满意程度,结果显示:30.37% 的学生认为非常需要增加互动次数,54.33% 的学生认为需要增加互动次数,仅有 15.3% 的学生感觉不需要增加互动次数,如图 2-12 所示。

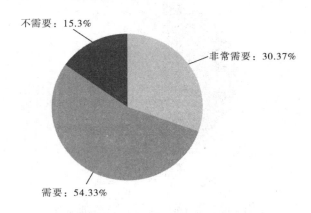

图 2-12　课后师生互动次数满意程度占比

（四）教学时间安排现状

一名高职教师如何分配每节课的 45 分钟,对于一名学生而言是至关重要的,这牵扯到他们每节课的收获。通过搜集已有的研究资料,结合当前高职教育教学实际,将教学时间安排分为四个选项,即知识讲授、学生之间讨论、师生之间探讨和学生自学。调查显示:选择知识讲授的学生占总人数的 77.17%,而其他三项所占比例合计为 22.84%,以学生自学所占比例最少,如图 2 – 13 所示。由此可以看出,高职院校中大部分教师仍然将教学时间主要用于知识讲授,而关于合作学习和自主学习的教学方法则较少采用。

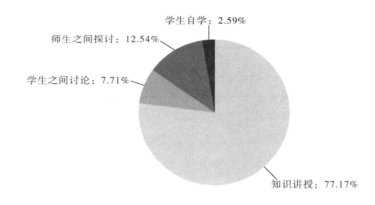

图 2 – 13　教师课堂教学时间安排及占比

采用卡方检验的方法,检验不同教学模式下,对于时间在知识讲授、学生之间讨论、师生之间探讨和学生自学方式下的差异分析,具体结果见表 2 – 9、表 2 – 10。

表 2 – 9　对不同教学模式下时间分配的描述统计

课堂教学模式		课堂上,大多数老师将时间主要用于				合计
		知识讲授	学生之间讨论	师生之间探讨	学生自学	
讲授式教学模式	计数	1195	94	121	25	1435
	%	83.3	6.6	8.4	1.7	100.0
研讨式教学模式	计数	98	25	63	2	188
	%	52.1	13.3	33.5	1.1	100.0

课堂教学模式		课堂上，大多数老师将时间主要用于				合计
		知识讲授	学生之间讨论	师生之间探讨	学生自学	
自主学习式教学模式	计数	30	9	16	7	62
	%	48.4	14.5	25.8	11.3	100.0
在线教学模式	计数	26	6	19	6	57
	%	45.6	10.5	33.3	10.5	100.0
其他	计数	23	3	4	6	36
	%	63.9	8.3	11.1	16.7	100.0
合计	计数	1372	137	223	46	1778
	%	77.2	7.7	12.5	2.6	100.0

表 2 - 10　不同教学模式下时间分配的卡方检验

项目	卡方值	d_f	渐进 Sig.（双侧）
Pearson 卡方	230.403	12	0
似然比	177.085	12	0
线性和线性组合	128.005	1	0
有效案例中的 N	1778		

表 2 - 9 和表 2 - 10 是对不同教学模式下，时间分配的差异性检验，由表 2 - 10 看出，不同教学模式下时间分配差异存在显著性检验（卡方值为 230.403，$P = 0$，$P < 0.05$）。通过表 2 - 9 看出，讲授式教学在知识讲授上分配的是时间比重最大，达到 80% 以上，显著高于其他方式，研讨式、自主式和在线教学相对其他两类教学模式而言，在师生之间探讨上分配的时间比重较大，均在 25% 以上。

（五）教学内容现状

由图 2 - 13 得知，教师主要将课堂教学时间用于知识讲授，在所讲的知识内容中，教材和教材外的内容所占比例如何，问卷调查结果显示：选择"教材之外内容占比为 30% 以下"的学生数占总人数的比例为 41.11%，选择 30% ~ 50% 的学生为 40.89%，选择 50% ~ 80% 的学生为 12.37%，选择 80% 以上的仅为 5.62%，如

图 2 - 14 所示。由此可以看出,大多数教师主要讲授教材内容,教材外的内容有些高职教师已经加入到课堂教学中,这是一种可喜的情况。

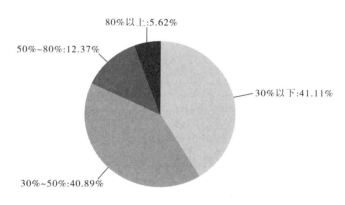

图 2 - 14 教材外讲授内容的占比

在此基础上,对学生进行了关于"您对教师的教学设计内容的感觉"的调查研究,结果显示 50.67% 的学生对当前教师的教学设计内容感觉新颖且感兴趣。因此,在教学设计方面还有待进一步提高,增加课堂教学内容的新颖度、兴趣度,如图 2 - 15 所示。

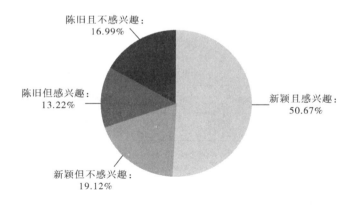

图 2 - 15 教师的教学设计内容新颖、兴趣度的占比

(六)教学方法现状

在教学方法调查中,讲授教学法、讨论教学法、实验教学法、指导自学法和其他,都有学生选择,但讲授教学法位居第一,占总人数的 87.74%,见表 2 - 11。

表 2-11 教师上课主要采用的教学方法

教学方法	选择人数	占比
讲授教学法	1560	87.74%
讨论教学法	774	43.53%
实验教学法	493	27.73%
指导自学法	558	31.38%
其他	155	8.72%
本题有效填写人次	1778	

在学生最希望教师采用的教学方法调查中,讲授式教学法仅占 59.11%,讨论教学法占总人数的比例高达 60.91%,实验教学法占总人数的比例为 51.18%,指导自学法则占总人数的比例为 40.61%。可见,在当前高职教学中,学生渴望互动、渴望动手,这就需要高职教师转变思想,灵活选用多种教学方法,以满足不同类型学生的需要,见表 2-12。

表 2-12 学生最希望教师采用的教学方法

选项	选择人数	比例
讲授教学法	1051	59.11%
讨论教学法	1083	60.91%
实验教学法	910	51.18%
指导自学法	722	40.61%
其他	211	11.87%
本题有效填写人次	1778	

(七)教学评价现状

关于评价方式、学生的课程期末成绩,主要由期末考试成绩、平时测验成绩、课堂表现和出勤情况四部分构成,有的老师也将社会实践情况包含在内。但每一部分所占的比例有所差异,见表 2-13。

表 2 – 13 课程期末成绩的构成情况

成绩构成	选择人数	比例
期末考试成绩	1659	93.31%
平时测验成绩	1352	76.04%
课堂表现	1525	85.77%
出勤情况	1423	80.03%
社会实践情况	528	29.7%
其他	205	11.53%
本题有效填写人次	1778	

就期末考试成绩而言,根据统计结果发现,其在课程期末成绩中的占比 80%
以上的选择比例为 10.57%,50% ~ 80% 的选择比例为 45.39%,30% ~ 50% 的选
择比例为 35.32%,30% 以下的人数为 8.72%。可见,教师还是主要依据期末考试
成绩对学生进行学习测评,如图 2 – 16 所示。

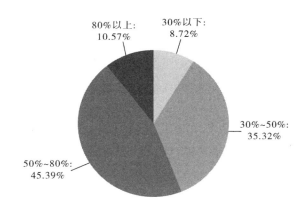

图 2 – 16 期末考试成绩在课程期末成绩中的占比

关于评价主体,通过调查显示,选择"学生参与学习评价"的人数高达
77.33%,仅有 22.67% 的学生认为除教师参与教学评价外,学生不参与,如图 2 –
17 所示。

关于学生对现有评价方式的满意程度,高达 66.88% 的学生对此感到满意,有
29.36% 的学生对此持中立态度,也有 3.76% 的学生对此不满意。这就意味着不同
特点的学生对教学评价方式的满意程度有所差别,如图 2 – 18 所示。

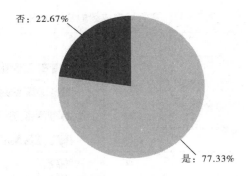

图 2 – 17　学生参与学习评价占比

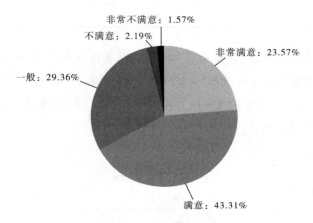

图 2 – 18　学生对现有评价方式的满意情况

关于对任课教师的教学评价,根据调查结果显示,主要是通过网上评估系统进行,学生选择该种评价渠道的人数占总人数的 64. 34% ,其次是问卷调查,占总人数的 27. 39% ,如图 2 – 19 所示。

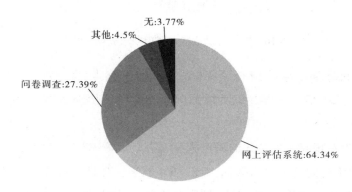

图 2 – 19　学生对任课教师进行教学评价的渠道情况

二、当前高职课堂教学模式存在的问题

从上述现状分析中不难看出，当前高职主要采用讲授式教学模式，这种课堂教学模式存在着教学形式陈旧单一、师生交往不和谐、教学内容固守教材、教学方法单调落后、教学评价不合理等诸多问题，忽略了学生的主体地位，不利于提高课程的教学质量，具体来看，表现在以下六方面。

（一）教学形式陈旧单一

虽然很多高职教师试图探索适应互联网发展和学生需要的高职课堂教学模式，但是就目前而言，还主要是以课堂为中心、书本为中心、教师为中心的讲授式教学模式，这从图2－3可以体现出来。同时，在被问及"您通常采用何种教学方式进行授课"的问题时，大多数老师的回答也是"主要采用讲授式教学方式，辅之以讨论、合作和自学的形式进行"。在这种模式指导下的高职课堂教学形式还主要是采用班级授课制，以知识传授为目标导向，以教师为课堂中心，以单向灌输为教学方式，其陈旧单一的问题仍然没有得到有效解决，这就造成一系列问题。主要表现为：

1. 教学过程墨守成规，课堂气氛沉闷

中国高职课堂普遍的沉闷状态令人忧郁，课堂本是一个应激起大脑风暴的地方，但是它寂静得令人可怕。在问及"在您的课堂上，学生表现如何，您有何感受"的问题时，14名教师表示课堂活跃度不高，课堂情况大多为：教师在讲台上精彩演讲，学生低头毫无回应，看手机、打游戏、QQ聊天、低语聊天应有尽有。可见，这种讲授式的课堂教学模式通常带来的是"教师滔滔不绝、学生昏昏欲睡，教师眉飞色舞，学生表情呆滞"的现状，不利于调动学生自主学习的积极性，违背了高职学生的学习规律，也从更深层次上造成了学生观念的功利化，教师积极性也被抹杀掉。

2. 学生收获和满意度不高，学习积极性不高

从以上分析可知，部分学生对讲授式教学模式的满意度不高。课堂上大部分时间以教师讲授的方式进行，学生是被动的接受者，参与课堂教学的程度不高，致使课堂氛围沉闷，很难激发学生的学习兴趣，学生逃课、厌学等现象频发。

3. 学生的创新能力不强

法国思想家蒙田曾说，"有些人在他们学生耳边喋喋不休，学生好像向漏斗里

灌输东西似的听他们讲课,而且学生的任务仅仅是复述他所学过的东西"。这种灌输式的教学方式,使学生不用思考就可以获得现成的知识,忽视了他们的个体特性,长期下去,学生的批判意识和质疑精神被抹杀,自主能力和分析问题的能力下降,创新能力得不到提高。

(二)教师掌控教学过程

在当前高职课堂教学模式指导下,教师主要扮演着传道授业解惑者、指导者、管理者和研究者的角色,整个教学过程包括教学进度安排、教学内容设计、教学时间分配等事宜皆由教师掌控,这就使教师很容易以自我为中心,几乎不参考学生意见,忽略了学生在学习过程中的主体地位。

1. 教师角色传统落后

当前教师扮演的主要是"传道授业解惑者"的角色,把传授知识、管理学生、学术研究作为自己的本职工作,忽视了作为学生朋友角色的发挥。这就使师生在一定程度上存在隔阂,不利于师生之间的情感沟通。

2. 部分教师对学生预习的关注度不够

教师习惯性地把完成一节课当成教学任务的短暂性结束,忽略了学生课前预习知识和搜集资料这个重要环节。在一定程度上,使学生对课前预习不够重视,不利于学生养成自学习惯。基于此,翻转课堂教学模式,课前让同学们观看 SPOC 课程内容或网络在线课程进行预习,课上教师的任务是和同学们进行知识探讨,这是教师值得借鉴和思考的方法。

3. 部分教师教学时间安排不够合理

大部分教师主要将教学时间用于知识讲授,忽略了师生一起探讨和学生自学的环节,这不利于学生自学能力和创新能力的提高。

(三)师生关系不和谐

在讲授式教学模式的长期指导下,师生早已习惯了"以教师为主体"的授课模式,教师成为知识的权威,成为整个课堂的操纵者,师生之间形成了一道难以逾越的鸿沟,师生之间缺少知识交流和情感沟通。

课上,师生之间的互动方式主要是课堂提问,且这种情况也较少发生。学生在教师面前有畏难、紧张和焦虑情绪,主要表现为学生上课不愿主动发言、不愿参与讨论和小组活动。课后,学生除了主动向老师请教学科知识外,很少发生其他互动方式。在与教师的访谈中,有部分教师表示,学生课下找老师交流的情况非常少,有一名老师表示,"课下时间基本用于做科研,主动找学生沟通的情况不多,有时在QQ、微信上有所交流"。

在这种把知识作为链接教师和学生唯一纽带的师生关系中,教师处于权威地位,学生处于依存地位,学生和教师之间很难进行平等的沟通,这种缺少情感交流的师生关系,会进一步影响师生之间和谐的关系。

(四)教学内容预成化

在教学中,由于教师上课是在固定的地点、固定的时间,面对固定的学生,使用固定的教材进行,这就使教师产生预设心理,这种心理支配着教师在课前进行固定化和程式化的备课,课上则按照教学设计按部就班地进行,一部分教师甚至会沿用多年一直在用的课件,不进行更新,授课内容理论联系实际不够,大多照本宣科,这在一定层面上忽略了前沿知识的嵌入,使得学生对知识的最新发展和动态毫无了解,降低了学生学习的积极性,影响了学生个性化和创新能力的发展。

具体到讲课内容,教师只是习惯性地按照教材或课件按部就班地讲授,很少与学生探讨前沿知识和科研成果。从上面的分析可以看出,大多数老师侧重于教材内容的讲授,对教材外的内容重视不够。在访谈过程中,关于"在您的讲课内容中,教材知识所占的比例大约是多少"的问题,所有老师的回答为80%以上,原因是"要完成教学目标,学生要期末考试,否则时间不够用"。关于"您会将自己的科研和教学结合起来吗"的问题,只有5名教师的答案为"是的",其他教师则表示,科研和教授科目是两张皮,无法探讨。不难发现,在这种教学模式中,教师缺乏问题和探究意识,缺少思考和感悟,造成学生获取知识的封闭性,学习的积极性不高。作为教师,应该努力克服这种不足,让教学和科研相结合,让书本知识和实践、前沿知识相结合。

(五)教学方法不灵活

当前高职课堂教学模式主要采用讲授法,强调按照教学目标和教材内容要求,按部就班地授课,很少采用其他方法,多样性与灵活性不足。这种满堂灌的教学方式,使学生成为接受知识的容器,忽略了学生的主体地位,影响了学生学习的积极性,忽视了学生个性和主动性的发展,不利于培养学生的交际能力,这种模式所体现的教学方法亟需改变。借用 18 世纪德国著名教育家第斯多惠说过的一句话"如果使学生习惯于简单地接受或被动地工作,任何方法都是坏的;如果能激发学生的主动性,任何方法都是好的"。

作为教师应该灵活使用多种适应学生发展需要的教学方法,注重授课技巧,讲求教学艺术,激发学生的参与和独立意识,激发他们的主动性,促进教学模式的改革。

在课堂教学中,教师更倾向于教授给学生什么知识,而不是考虑怎样去教授。很多老师认为,传授给学生更大信息量的知识比传授给他们如何学习这部分知识更加重要。但授之以鱼,不如授之以渔,作为一名高职教师,理应意识到高职学生的个性和心理特点,只有教给学生学习一门课程的方法,才能激发学生自主学习的积极性。

(六)教学评价不合理

在教学评价方面,许多学校更加重视终结性评价。虽然也会考虑学生的课堂表现、平时测验、出勤率等,但仍以期末考试成绩作为学生的主要成绩,甚至占学生总成绩的 80% 以上。大多数老师表示,学生课堂参与、平时小测、课上表现和作业情况全部加起来只允许占总成绩的 20%。有一部分老师表示,"期末考试之前,通常会给学生划重点,这样学生才会认真复习备考,避免了更多不及格学生的出现"。这很容易出现平时课堂上认真听讲、积极参与课堂活动和思考的表现出色的学生,其成绩不如在期末之前认真背诵的学生所得分数高的现象,这很容易挫伤学生学习的积极性,影响学生学习技能的积极性,甚至使整个校园形成功利化和急功近利的学习风气。

除了教师对学生的评价之外,其他形式的评价,如学生自我评价、小组评价、小组互评、生生评价、生师评价等形式很少运用,教学评价主体单一。即使大多数学校采取学生对教师的匿名评价或者学生通过网上评估系统对教师进行评价,也不会对教师形成任何影响。总之,这种教学评价主体和标准的单一性,背离学生发展,不利于教学系统良好高效地运转。

三、当前我国高职课堂教学模式存在问题的原因分析

(一)社会原因

1. 传统文化的影响

中国传统文化博大精深,在整体上呈现中庸、和谐等文化特征,积极地促进了我国教育的发展。但也不免令人有深深的担忧,其尊师重教、群体意识、求稳等文化由来已久,投射到高等职业教育领域,影响了高职课堂文化的形成。

中国传统文化中的"尊师重教"思想源远流长,深刻地影响着一代又一代人。自古就有"人有三尊,君、父、师"和"天地君亲师"的说法,充分体现了对老师的尊重。《荀子·大略》中提到:"国将兴,必贵师而重傅,贵师而重傅,则法度存;国将衰,比贱师而轻傅,则人有快,人有快,则法度坏"。《学记》提出"建国君民,教学为先"。韩愈《师说》开篇第一句提到"古之学者必有师,师者,所以传道授业解惑也",明确了教师的重要性和教师的职业性质。受这种尊师重教文化思想的影响,高职课堂教学也把教师放在主导地位,学生则处于被动服从地位,师生之间呈现权威—依存性的特征,教师在学生面前具有一定的威望,学生对教师产生崇拜畏惧心理,两者之间很难形成平等的师生关系,交流困难或很少交流等一系列问题便呈现出来。

几千年来我国自给自足的农耕经济形成了中国传统文化注重和谐、群体意识的价值观。这种价值观强调人与自然的和谐、人对社会的服从,而忽视了个人的价值。正如有人说"中国文化最大之偏失,就在个人永不被发现这一点上"。[2]这种价值观体现在高职教育上,即强调学生服从教师,以整个班级的利益为重,抑制个人的需求。而传统文化中的群体意识投射到高职课堂教学上就是排斥多样性,注重"大统一",即统一的时间、统一的空间、统一的内容、统一的进度、统一的教学模式。这也从深层次上解释了为什么高职课堂教学模式存在陈旧单一的问题。

传统文化的主脉是儒家思想,而中庸之道又是儒家思想的核心。中庸中的"中"意味着"折中、调和、无过也无不及",庸的意思是"平常"。[3]中庸强调求同、求稳,待人接物不偏不倚,排斥极端,标新立异很难被认可。落实到高职教育上,高职课堂教学强调整体划一,采取知识灌输的统一而模式,向学生传授学校规定的统一而系统的理论知识,在同一评价标准下竞争。而中国传统文化中的"求稳""求久""拒变"思想,也造成了高职课堂教学模式一元化的特点,即一直主要采用讲授式

教学模式,其他模式很难在教学中独当一面。这种思想也造成了教师采取稳定的讲授式教学模式,向学生讲授教材规定的理论知识,压制了学生的独立性和创造性。

2. 应试教育的渗透

在某种意义上讲,应试教育是中国历史上科举制度的延续。虽然1993年国家就提出要由应试教育转向素质教育,但应试教育依然存在,应试教育对高职课堂教学模式产生了很大影响,具体表现在以下两点。

(1)高职是中学的延续。应试教育背景下,中学以知识传授为重点,以考试为手段,以分数作为衡量学生优劣的标准。这在一定程度上造成学生的学习能力减弱,过分依赖教师,创新能力不强。通过这种途径培养出的学生不可能对高职课堂教学模式提出强烈的建议和要求,甚至大部分高职学生依然维护传统教学模式。

(2)应试教育制度延续到高校,依然主要根据期末成绩作为评价学生的标准,以考试成绩作为选拔人才和就业的主要指标,使高职院校出现"重知识传授、轻能力发展;重分数指标,轻综合素质提高"等一系列弊端。

(二)学校层面原因

1. 理论导向片面

以教师讲授为主的高职课堂教学模式主要建立在以夸美纽斯的班级授课、赫尔巴特的教学过程阶段论、行为主义学习理论以及凯洛夫的教师手册式教学四大理论的基础之上,强调教师居于主导地位。

(1)班级授课制。夸美纽斯的班级授课制,强调大班教学、教师主导、以"课"为活动单元,等等。这种建立在大教学论基础之上的教学制度深深地影响了高职课堂教学模式,使其呈现出"教师教、学生听"的特征。具体来看,高职课堂教学模式必然坚持教师在教学活动中的主导地位,认为学生只需要接受现成的知识即可,强调教学时间、内容和进程的固定化,课堂必然出现知识封闭性、教学方法单调、教学评价主体和标准单一等问题。

(2)教学过程阶段论。赫尔巴特的教学过程阶段论提出教学过程包括明了、联系、系统和方法四个阶段。具体来看,教师首先通过讲解让学生感知教学材料;其次,通过分析使学生能将新旧材料相联系;然后,教师综合所有材料,概括出应有结论;最后,指导学生将系统化的知识应用于实际。这四个阶段揭示了书本知识教学的客观规律。教师的讲解贯穿于教学的四个阶段。

在此指导下的高职课堂教学模式强调教师的书本知识讲授,使学生获得了系统的理论知识,但这种课堂教学形式单一,使学生学习积极性不高,不利于学生德智体美的全面发展,抹杀了学生创新能力的发展。

(3)行为主义学习理论。以教师为中心的课堂教学模式长期统治我国高职课堂,这与行为主义学习理论分不开。行为主义学习理论强调个体行为的"刺激—反应"系统,学习的起因被认为是外部刺激的反应,学生的任务是被动地接受外部刺激,即接收教师传授的知识,教师的任务则只是负责提供外部刺激,即向学生灌输知识。受行为主义学习理论影响,以教师为中心的高职课堂教学模式把学生当成灌输的对象,使学生形成一种盲目崇拜书本和老师的思想,其发散性思维、逆向性思维被束缚、被禁锢。

(4)教师手册式教学理论。讲授式课堂教学模式主要是以凯洛夫的教师手册式教学为理论基础,是遵循其提出的五段教学模式步骤实施的。它强调教师主动作用的发挥,强调教师按部就班地进行课堂授课,造成高职课堂教学模式以教师知识传授为中心而忽略了课前预习、复习和教学方法、教学评价单一等难题,忽视了学生的主动性、创造性。

建构在上述理论基础之上的高职课堂教学模式强调教师的权威作用,强调知识的单向灌输,学生则是外部刺激的接受器,造成与现代信息技术和学生发展的目标相脱节,使得高职课堂片面强调教师课堂讲授,教学方法单一,忽视学生主体作用。

2. 教师观念保守

高职课堂教学模式是建构在丰富理论基础之上指导实践的模式。它的改革不仅仅是在教学方法、教学策略等方面,最为关键的是教师观念的转变。只有教师身体力行,才能创新出符合信息化要求、适合学生发展需要的教学模式。

然而,目前无论是在授课过程中,还是在改革高职课堂教学模式过程中,高职教师依然很难彻底摒弃陈旧的观念和说教方法,这可能与他们所受的教育,与他们的思想存在密切关系。信息技术的出现,是高职课堂教学模式改革的契机,可是一部分教师观念保守,仍然坚持原有的课堂教学模式,很难接受在线课堂教学模式和它所体现的翻转课堂教学模式,致使高职课堂教学模式改革很难推行。在备课过程中,教师也习惯性地按照教材备课,而不去强化自己对职业能力的解构、对新事物的认识以及对当下潮流的把握。这样必然导致高职课堂教学中教师过分注重理论知识的传授,忽视学生主体地位,弱化职业能力的培养,造成师生情绪冷漠和关系紧张。

3. 评估机制不健全

现行的高职院校评估机制主要以科研作为衡量教师的主要指标,量化指标便是论文、课题的数量和级别等,这种评估机制使高职课堂教学模式出现问题。

首先,在"一刀切"的数字量化模式下,高职院校评估出现只管数量而不顾质量的异化现象。很多教师为了能在学校立足并发展,不得不把自己的主要精力和时间用于科研。当然,高职教师扮演好自己的研究者角色对于高职院校而言,是有好处的,是其发展的不竭动力,可是如果超出了一定的限度,即过分注重科研,而忽视教学,会影响教学水平的提高。

其次,现有的高职院校评估机制使得擅长和侧重教学的教师在教师津贴、职称聘任等方面没有受到应有的重视,教师在从事教学方面没有成就感,教学积极性不高,有些教师甚至认为"认真教和不认真教的收获是一样的",便对教学产生倦怠观念和行为,转而把主要精力用于科研上,课堂教学中必然会出现教学方法陈旧、教学设计不合理等问题。

最后,现有的高职院校评估机制,使得教学和科研没有相互补充作用。课程并不是根据教师的科研情况而定,教师为了在科研方面有所突破,也会努力尝试自己不熟悉、不擅长的领域。教学和科研两张皮,不能起到相互激发作用,教师的教授内容没有前沿性的知识做补充,没有充足的精力和时间去备课,必然会以教材内容和知识讲授为主。

4. 缺乏改革导向

当前高职课堂教学模式改革面临一系列问题,还与高职院校缺乏政策导向有关。首先是高职课堂教学模式的改革,未能引起高校领导的重视,缺乏相关的政策引领。通过搜索各高职院校的政策文件可以发现,关于高职课堂教学模式改革的政策文件比较少,使得教师依然按照原先的思路运作,各种难题未能化解。其次,缺乏相应的教学激励机制。高职院校往往按照教师的科研情况论定输赢,忽视在教学方面有突出作为的教师。这在一定程度上,使得教学型教师不注重教学内容设计和教学方法改进,教学积极性不高。教学科研型教师,则因此慢慢地向科研型教师转变。

　　高职课堂教学模式存在问题的原因,除上述四点之外,还受教师素质、"重知轻行、重教轻学"的价值取向、注入式的教学思想、高职院校资源短缺等因素的影响,高职课堂教学模式改革势在必行。

小结

　　本章作为该研究的反思部分,运用问卷调查和访谈法对当前高职课堂教学模式的现状进行了实证研究。

　　首先就高职课堂教学模式的总体现状进行了考察,紧接着就高职课堂教学模式各要素——教学主体、教学时间、教学内容、教学方法和教学评价进行了现状调查研究。其次,分析总结上述现状,得出如下结论:高职课堂教学模式存在教学形式陈旧单一、教师操纵教学过程、师生关系不和谐、教学内容预成化、教学方法不够灵活、教学评价不合理的问题。最后,就上述问题出现的原因进行了深层次分析,具体包括两个方面,即社会层面原因和高校层面原因。

参考文献

　　[1]教师角色的意义[EB/OL]http://www. xinli110. com/education/jszj/jsyd/201307/346910. html.

　　[2]王彬彬. 批判传统文化仍是当务之急[J]. 书屋,1999(4):47.

　　[3]胡秀菊. 从文化视角看中西大学物理课堂教学模式[D]. 合肥工业大学,2009:8.

第三章　高职教学模式的改革

一、教学模式

（一）模式概念

"模式"一词在现代社会中运用较为普遍。汉语中,模式指"标准的形式或样式"。在英语中,它和"模型""模范"是同一个词,都为 model。

《国际教育百科全书》对模式的定义:对任何一个领域的探究都有一个过程。在鉴别出影响变量,或提出与特定问题有关的定义、解释和预示的假设之后,当变量或假设之间的内在联系得到系统的阐述时,就需要把变量或假设之间的内在联系合并成为一个假说的模式。

模式可以被建立、被检验,若需要,还可根据探究进行重建。它们与理论无关,可从理论中派生,从概念上说,它们又不同于理论。

因此,模式是一种重要的科学操作与科学思维的方法。它是为解决问题,在一定的抽象、简化、假设的条件下,再现原型客体的某种本质特性;它是作为中介,从而更好地认识和改造原型客体、构建新型客体的一种科学方法。

（二）教学模式概念

国内外对教学模式的理解有一定差异。

美国乔伊斯(B. Joyce)和威尔(M. Weil)在他们所著的《教学模式》一书中写道:教学模式是构成课程(长时间的学习课程)、选择教材、指导在教室和其他环境中教学活动的一种计划或范型。每一个教学模式分为四部分。

第一部分是模式的指向,包括模式的目标、理论假设、基本原理和主要概念。

第二部分是模式的内容,包括模式的操作程序、社会系统、反应原则和支持系统。

第三部分是模式的应用,即提供模式在实际教学中的情境。

第四部分是模式的教学效果和教育效果,即模式产生的直接或潜在作用。

其中社会系统、反应原则、支持系统、应用等内容,其实质是运用模式的一些原则、方法、技巧等,即通常所指的教学策略问题。概括地说,教学目标、理论假设、操作程序和教学策略四部分内容构成了一个完整的教学模式框架。同时,教学模式应是理论和实践之间承上启下的"中介",一方面它能对教学活动进行理论指导,使人们在深远背景中思考教学;另一方面,它又要为教学实践提供操作和策略,方便教师教学。为此,教学模式可定义为:教学模式是教学理论和实践的中介,反映特定教学理论逻辑轮廓的,为保持某种教学相对稳定而采用的具体教学活动结构,为实现特定教学目的,用来设计课程、选择教材、提示教师活动的基本范型。

(三)教学模式的特征

教学模式具有五个主要特征。

1. 概括性

教学模式不是对教学活动的"复写",而是在充分显示自己个性的前提下,略去了开展某一教学活动的不重要因素,从理论高度简明地、系统地反映模式本身。因此,它是对某一理论的浓缩,对实践的提炼,具有概括性。

2. 操作性

操作性,一方面是指教学模式易被教育者模仿,因为教学模式是教学理论的操作化,又是教学实践的概括化。每一教学模式都提供了教学在时间上展开的逻辑步骤以及每一步骤的主要做法,即操作程序。教师在教学中先做什么,后做什么,再做什么,一目了然,易操作。另一方面,由于教学活动的复杂性和特殊性,教师、学生以及环境等因素既不能,也没有必要像自然科学实验那样受到精确控制,所以模式的操作程序只能是基本的和较稳定的。

3. 针对性

任何一种教学模式都是针对教学实际问题或问题某个方面而建立的,因此,它有自己特定的教学目标和使用范围,不可能包罗万象。从这一意义上讲,世界上不存在普遍有效的模式,也不存在最优的模式。然而,教学模式与目标又绝非是一对一的关系,而往往是一对多或多对一的关系。一般而言,一种模式具有多种目标,在多种目标中又有主、次之分,其中主要的目标便是各种模式间相区别的特征之一,也是人们有针对性地选用模式的重要依据之一。

4. 整体性

教学模式从整体上处理教学活动,它既要对教学活动中的教师、学生、课程等要素的地位和作用作出规定,又要对影响教学活动并在教学活动中起重要作用的其他因素,如教学物质条件、教学组织形式、教学时间或空间等加以说明。这几乎涉及教学论体系中的基本内容,所以教学模式又称为"微型教学论"。这一特点,提醒人们在认识和运用教学模式时必须全面把握。

5. 优效性

教学模式是在一定思想理论指导下建立的,它经教学实践的不断修正、补充、完善而形成。因此,它运用了最适宜的理论并汇集了教学实践中的优秀成果,是对众多成功教学活动最精炼的概括,着眼于提高教学质量。故教学模式具有优效性。

(四)教学模式的功能

教学模式是从整体上思考教学过程的一种工具,是理论与实践间承上启下的"中介",它提供着教学理论与教学实践相联系的教学技术。教学模式具有典型性、可学性和模仿性,具有较强的理论功能和实践功能。

1. 理论功能

教学模式对教学活动进行理论指导。教学模式的理论功能集中体现在它是教学理论的简化形式。任何教学模式都是一定的教学理论的具体体现,构建教学模式所依据的教学理论不同,模式的功效也不同。各种教学理论都可构建出行之有效的教学模式,通过教学模式把教学理论与教学实践联系起来,有利于动态把握教学过程的本质和规律,更好地发挥教学理论对教学实践的指导作用。

2. 实践功能

教学模式为教学实践提供操作和策略,方便教师教学。教学模式的实践功能集中体现在它是可学的、可模仿的教学技术和技能。任何教学模式都是针对某种教学环境,研究如何把学生的认知作用和行为组织起来,实现预定的教学目标。它从教学实际出发,提出有关教学变量和教学程序的安排,具有简明、具体、易操作的特点。有利于人们对教学过程的理解和掌握,方便地应用于教学实践,以提高教学质量,达到教学目标。

二、教学模式相近概念辨析

在职业技术教育中,人们对教学方法与教学模式、课程模式与教学模式、教育模式与教学模式之间存在着模糊的认识,在研究不同的问题或教学实践中,有的把教学方法与教学模式等同起来,有的把课程模式和教学模式看作同一概念,有的把教育模式与教学模式看作是相同意义的培养模式。虽然教学方法、课程模式、教育模式与教学模式有某些共同之处,但它们各自的侧重点不同,它们所涵盖的内涵和外延也不相同。区分这些概念,有利于人们更加清楚地认识教学模式的含义,明确高等职业教育教学模式研究的方向和内涵。

1. 教学方法

教学方法是指教师和学生在教学过程中,为达到一定的教学目的,根据特定的教学内容,共同进行一系列活动的方法、方式、步骤、手段和技术的总和。

教学模式和教学方法虽然都是为了实现某一教学目的,在教学活动中实施的,但是教学模式对设计课程、选择教材和教师活动提出要求。为更好地实现教学目的,往往可以采用某一教学方法,甚至多种教学方法贯穿于某一教学模式之中。教学方法是教学模式的要素之一,教学模式的外延更广,内涵更丰富。

2. 课程模式

课程模式是指课程开发的构架和思路,是课程内容和进程在时间、空间方面的特定形式或课程要素的时空组合方式。

课程开发又称课程编制,是指产生一个完整课程的全过程,它包括五方面:目标的确定、内容的选择、内容的组织、实施与评价。

课程模式与教学模式均是为实现教育教学目标而开展的方式。课程模式针对专业来开发课程,教学模式针对课程模式已开发出来的课程选择教材、开展教学,课程模式虽然对教学实施提出要求,但重点落在课程的开发上,落在所开设的课程如何适应市场的变化和需要上,教学模式对课程、教材的选用提出要求,但重点落在教学的实施过程以及效果上。高职教育中,课程模式和教学模式既存在着含义的相交,又存在着各自的偏重。

3. 教育模式

教育模式即指学校的教育模式,是由教育目的、制度和课程、教材等组成的,具有典型性和代表性的宏观控制系统。学校教育模式往往具有体系上的系统性、周密性和稳固性,但教育模式是可变化和发展的。

教育模式可分为国家的学校教育模式和理论上的学校教育模式。由国家和权威机构颁令推行的、已成为历史或现实的,称之为国家的学校教育模式;理论上的学校教育模式是由教育思想家和实干家从理论上阐述的,虽说它们有机会投入实验甚至推广,但毕竟未被正式列为国家的教育体系。教育思想家根据他们对社会和人的认识设计的学校教育蓝图的系统教育思想称之为理论上的学校教育模式。

国家的学校教育模式是它自身的历史发展结果,又是它未来的起点,而理论上的学校教育模式不断地在修正和发展着,看上去只是纸上谈兵,但它富有探索性,教育改革中创新的思想资源往往来自这里。

显然,无论哪一种教学模式,都难以跳出国家的学校教育模式框架,教学模式内含于教育模式。同时,教育思想家设计的理论上的学校教育模式往往是以创新或改革教学模式的方式入手的,因此,教学模式在某种意义上接近于理论上的学校教育模式。国家鼓励高等职业教育的教育模式走多样化、特色化的道路,因此,理论上的学校职业教育模式才会不断更新,教学模式才具有不断改进、创新的发展空间。教学模式的创新离不开理论上的乃至国家的学校教育模式的创新。

此外,在职业教育中还经常提及所谓办学模式,简而言之就是办学的路子,办学的样式。即根据办学主体、办学目标和学制形式等主要特征的不同情况划分的办学标准样式。采用什么样的教学模式决定了走什么样的办学路子,开展什么样的办学模式。

三、教学模式发展

为了分析、比较教学模式以及在总体上预测其发展趋势,有必要对它的发展历史以及至今还对教学有着较大影响的模式进行一些分析研究。

(一)教学模式的雏形

在中外古代教育史上,出现过许多伟大的教育思想家,他们从不同的角度对教学进行了探索性研究,并将自己的教学思想融入自己的教学实践中,形成独特的教学风格。有的教育思想家甚至对学习过程或教学过程的逻辑顺序进行了探讨。如孔子关于学习过程的探索被后人概括为"学→思→习→行";思孟学派子思在《中庸》中提出"博学之,审问之,慎思之,明辨之,笃行之"的学习逻辑顺序;古希腊哲学家苏格拉底在教学中实践"助产术"等。

今天看来,这些思想都有科学价值,甚至有些还在实践中运用。但是,用教学模式的思想去理解,他们在教学目标、操作策略等方面还不清晰、明确,似乎还没构成完整的教学模式。因此,只能将古代这一时期称为教学模式的萌芽阶段,为模式的雏形。

(二)夸美纽斯的教学模式

17 世纪,学校教育迅速发展,在教学上突出表现为:①教学内容扩大,特别是增加了自然科学知识;②教学对象扩大,班级授课制创立,大量青少年才有机会进入学校学习;③新的教学方法出现,如观察、实验等直观的教学方法出现,使教育家们更加深入、广泛地研究教学活动,分析教学活动的内部规律,教学思想也逐步形成体系。捷克教育家扬·阿姆司·夸美纽斯(JohannAmos Comenius,1592～1670)在《大教学论》中系统阐述了他的教学思想及教学模式。可以将他的模式视为教育史上第一个比较成型的教学模式。

1. 操作程序

为实现"把一切事物交给一切人类的全部艺术"的教育思想和教学目标,夸美纽斯对人的自然本性、儿童的身心发展特点以及个体的差异做了大量的观察与分析,积极探索教学的活动规律。他崇尚自然,认为人作为自然的一部分理应服从自然。他直接将教学与自然界事物发展相类比,得出开展教学活动必须以自然为借鉴的结论,并将"教育适应自然"作为创建新学校的主要原则和开展教学活动的主要依据。根据夸美纽斯关于教学的逻辑步骤,可以将其操作程序归纳为"感知→理解→记忆→判断"。

(1)感知。"感知"即利用感觉器官观察教学对象,它是获取知识的第一步。

(2)理解。理解即学生在对个别事物的感知后,由具体到抽象,由特殊到普遍的认识。

(3)记忆。记忆是通过反复复习、多次练习而实现的。但并不是任何东西都需要记忆,只记最重要的事情,其余的,只需领会大意就够了。

(4)判断。判断是对学过的知识的初步应用。为辨清事物间的联系与区别,使获得的知识牢固、有用,学生必须准确判断各种事物。

2. 模式操作的主要策略

(1)直观教学。尽量利用实物进行直观教学。夸美纽斯指出,一切看得见的东西都应放在视官的跟前。一切听得见的东西应该放到听官的跟前。气味应当放到嗅官的跟前,尝得出的和触得着的东西应分别放到味官和触官的跟前。假如有一件东西能够同时在几个感官上留下印象,它便应当和几种感官去接触。如果教学中没能得到实物,也可用图像和模型等直观教具去替代。

(2)激发学生学习的主动性。教师要想方设法激发学生学习的自觉性和主动性,决不能因为学生不愿学习便去鞭挞他们,而要采用说服、赞扬、奖励以及改进教学方法等一切可采用的方式,激发学生求知的欲望。

(3)加强复习和练习。通过复习和练习,彻底牢固地掌握知识。

(4)教学要循序渐进。依据学生的年龄和心理特点及理解能力,由易到难,由简到繁,由近及远地组织教学。

夸美纽斯提出的教育主张反映了新兴资产阶级的利益和要求,但由于他生活在封建社会开始解体而资本主义制度尚未完全形成的时代,当时欧洲资产阶级力量还不够强大,所以他的许多教育主张及教学模式在他生前以及身后近两个世纪都并未产生重大影响,甚至几乎被人遗忘。直到19世纪中叶,才引起人们的重视,而教学模式的发展也翻开了新一页。

(三)赫尔巴特教学模式

1. 基于心理学创建教学模式

在19世纪的历史中,教育发展最明显的特征是心理学开始进入教育研究领域并逐渐成为教学研究的重要基础之一。德国的赫尔巴特正是试图在科学的心理学理论基础上建立系统的教学理论,他成为第一位用心理学理论揭示教学过程规律并以此创建教学模式的教育家。

赫尔巴特认为,要能有效地给学生传授知识,必须按照学生心理活动的规律去组织教学。而学生的学习过程也如人的心理过程一样,是一个“统觉”的过程,即是新经验和已经构成心理的旧经验联合的过程。新的经验只有同已在统觉团的旧经验发生联系时才能将没有关联的情景呈现给学生。那么,教师选择合适的教学内容和有序组织教学就显得尤为重要。

2. 赫尔巴特教学模式的操作程序

赫尔巴特提出“明了→联合→系统→方法”的操作程序,试图为教师提供在任何条件下可普遍采用的教学范型。

(1)明了。教师将教学内容分解成各个构成部分,尽可能简练清楚地讲授,让学生对新知识有清楚明了的认识。在教法上可采用讲解、实例、演示等多种方法。

这一阶段,教师应设法引起学生学习的兴趣,并使其将注意力集中到学习内容上。

(2)联合。将"明了"阶段所获得的观念与原有的观念结合,在旧观念的基础上向新观念过渡。由于在新旧观念联合的过程中,学生还知道学习的结果如何,因此,教师主要采用分析教学。在这一阶段,教师应保持学生的注意力,促使学生积极地思考。

(3)系统。学生在新旧观念联合的基础上,获得确切的定义、结论(新观念)。此时,要使分解成各个部分的教学内容形成整体,成为一个系统,在教学方法上教师多采用综合法。

(4)方法。学生将系统化的知识加以运用,并融会贯通地掌握。教师可采用让学生独立完成各种练习以及按要求修改作业、练习等方式。

通过以上的程序,赫尔巴特希望达到他所提出的三个教学目标:德行、知识和兴趣。

3. 教学模式的操作策略

为达到"德行、知识和兴趣"的教学目标,教学模式采用如下操作策略。

(1)培养学生兴趣。兴趣是激发学生牢固掌握知识和扩展知识的基础,可分为直接兴趣和间接兴趣两种,其中能感受和体验到的直接兴趣更为重要。

(2)教学贯彻教育性。为实现最高目的——德行,他将传授知识过程与道德教育过程融为一体,提出"教育性的教学"概念。

(3)多种教学方法并用。赫尔巴特提出了叙述教学法、分析教学法和综合教学法三种主要教学方法。叙述教学法主要由教师用生动、形象的叙述方法补充学生经验,扩大知识范围。分析教学法是在教师指导下,由学生对自己获得的各种混杂紊乱的观念进行分析纠正和改进。综合教学法是教师对叙述和分析过的教材进行系统的概括,把知识归结成一个综合的整体,使学生获得完整的知识系统。

赫尔巴特教学模式强调有序地给学生传授系统知识,这不仅在当时而且在现在都有积极意义。他尝试在科学心理学基础上对教学过程进行分解,由此形成的"明了→联合→系统→方法"这一程序,它基本符合人类的一般认识规律。

后经赫尔巴特的弟子莱因将"明了"进一步分解为"预备,提示",将"系统,方法"改为"总结,运用",形成了"预备→提示→联合→总结→应用"五段程序,它成为第一次世界大战后相当一段时间里课堂教学的经典程序。

4. 赫尔巴特教学模式不足

(1)赫尔巴特虽然强调兴趣在教学中的地位及作用,但从其整个理论来看,他把观念获得看成一个被动的过程,忽视学生积极主动地学习以及对他们个性、能力的培养。

(2)他把操作程序看作是唯一的,从而忽视了教学活动的复杂性。

(3)从程序内部看,学习也是从书本到书本,难免使学习内容与学生的实际脱节。也正因如此,20 世纪初,当世界各国的政治经济和科学文化发生变化的时候,赫尔巴特教学模式受到了挑战。

(四)杜威的教学模式

1. 杜威的教学理论

杜威将学生比作太阳,认为一切教育措施都应围绕这一中心旋转。教学目标不是为了未来生活准备,而是为了解决现实的问题。让学生学到个人应付环境、社会的实用手段,其核心是培养学生具有创造性的思维能力。学生学习的内容不应是直接接受前人的经验,而主要是学习、组织、改造自己的经验。教学程序主要是通过自己的"做",通过自己一系列的探索性活动来创造、积累经验。

2. 教学模式操作程序

杜威教学模式操作程序为"真实情境→产生问题→占有资料→解决方法→检验想法"。

(1)真实情境。教师为学生提供一个真实的生活情境,它可以是校外出现的情境,也可以是日常生活中使人感兴趣和从事活动的那些作业的情境。总之,情境一定要尽量真实,要贴近生活,尽量模拟社会。

(2)产生问题。在情境中促使学生主动提出疑难,并将学生置于欲解决疑难的境地。

(3)占有资料。教师提供学生要解决问题的必要资料。如果需要,还可利用直观教学,对问题开展直接的观察。

(4)解决方法。针对问题,学生提出自己的解决方法、方案,并根据现有资料大胆推论、猜想、假设。

(5)检验想法。按照确定的方案,验证解决问题的想法,看它是否有效。

在操作以上程序时,要使探索过程自然和谐,就必须正确处理好师生关系。教师要充分调动学生探索求知的欲望,让学生通过自己的活动主动、积极地学习。学生的活动,教师不能越俎代庖,而是与学生共同参与。无论教师或学生,愈少意识到自己在那里施教或受教愈好。

3. 杜威教学模式的局限性

杜威的教学模式,要求教学内容与学生生活实际相联,从学生感兴趣的问题入手,无疑有利于培养学生解决问题的能力。学生在愉快的活动中,积累自己的经验,无疑会提高学习兴趣。但他采用的"探究式"学习,也不能全盘替代学校教学的其他模式,因为其适应面是有限的。他要求学生主要学习直接经验,也不符合现代学校教育对教学的要求,必将导致学生所学知识的不系统。

以上是 20 世纪 50 年代以前主要教学模式发展的情况,从中可以看到以下几点。

(1)模式的使用范围主要是针对课堂教学。

(2)各模式的目标要么是强调传授知识,要么是强调培养能力。

(3)从教师扮演的角色来讲,要么是绝对权威,控制着教学内容、教学进度等,要么是顾问,只起协助学生学习的作用。

(4)教学模式使用单一。特别是 19 世纪末到 20 世纪 50 年代以前,先是赫尔巴特教学模式唱主角,然后是杜威教学模式占主导地位。

四、当代学科型教学模式

20 世纪 50 年代以来,各国教育家们从各自的角度和立场出发,对教学模式进行了大量研究,涌现出许多新的教学模式。美国乔以斯和威尔通过对 80 多种教育理论、学派的研究以及对教学实践经验的总结,系统概括出四类 23 种教学模式,它们代表了当代国外主要的教学模式。

(一)信息处理模式

信息处理模式主要反映了认知学派有关信息加工理论,着眼于知识的获得和智力的发展,见表 3 – 1。

表 3 – 1　信息处理模式的主要类型

序号	模式名称	创立者代表	创立目的
1	概念获得模式	布鲁纳(Jerome S. Bruner) 古德诺(J Goodnow) 斯汀(G Austin)	强调以概念为学习的基础

续表

序号	模式名称	创立者代表	创立目的
2	归纳思维模式	塔巴（H. Taba）	帮助学生学会归纳推理
3	探究训练模式	萨奇曼 （J. Richarcl Shchman）	训练学生组织资料、进行因果关系的推理，以及建立和验证理论是一种由事实到理论的训练模式
4	先行组织者模式	奥苏贝尔 （David Ausubel）	通过改进教材呈现的方式，增强处理资料的效力，以培养吸收和联结知识系统的能力
5	记忆模式	卢凯斯（Jerry Lucas）	增强学生的记忆能力
6	认识发展模式	皮亚杰（Jean Piaget）	兼用于学生智能发展和道德发展的教学
7	生物科学探究模式	施瓦布（Joseph Schwab）	要求学生运用生物科学家的科学探究的工作方法来学习

（二）人格发展模式

人格发展模式主要反映了人本主义心理学的观点，着重于人的潜力和整个人格的发展，见表 3-2。

表 3-2　人格发展模式主要类型

序号	模式名称	创立者代表	创立目的
1	非指导性教学模式	罗杰斯（Carl Rogers）	根据自己的心理治疗方法，建立一种灵活的教学模式，以帮助学生自己学习
2	创造历程模式	戈登（Wilfiam Gordon）	发展学生的创造能力
3	意识训练模式	舒茨（William Schutz） 布朗（George Brown）	把人本主义心理学引入课堂。以心理治疗和格式塔治疗技术为基础，创立了以提高人的意识为指向的模式
4	课堂会议模式	格拉尔（Wilfiam Classer）	把群体咨询技术作为建立课堂群体的基础，主张利用团体咨询技术来增进班级学生间的沟通，以进行心理卫生的教学

（三）社会交往模式

社会交往模式所依据的是社会互助理论。着重强调教学中各个成员的师生之间、学生之间的相互影响和社会关系，以培养学生的社会性和品格的发展，见表 3-3。

表 3 - 3 社会交往模式的主要类型

序号	模式名称	创立者代表	创立目的
1	群体调查研究模式	塞伦(Herbert Thelen)	以群体理论为基础,主要对某些社会问题进行群体调查研究,提出调查报告,再共同评价,以解决问题
2	角色扮演模式	F. 谢夫特(FannierShaftel) G. 谢夫特(George Shaftel)	教学时采用戏剧中角色扮演的方式,让学生通过角色体验来研究个人价值和社会价值,从而明确他们自己的立场
3	法理学探究模式	奥利弗(Donald Ofiver)等	帮助学生研究公共争端及认识社会价值
4	实验室训练模式		借助美国国家训练实验室的做法,帮助学生更好地理解社会,学会更有效的社会技能,以应付社会的变化
5	社会模拟模式		有发挥巨大作用的模拟工具,主张用"互动游戏"作为学校中有效的训练方式
6	社会探究模式		强调教学要探究社会生活的本质,特别是重视对社会问题的研究,主张在教学中通过学生的讨论而产生解决社会问题的假设,收集有关支持假设的资料——谋求的答案

(四)行为强化模式

依据行为主义心理学理论,注重学生行为习惯的控制和培养,见表 3 - 4。

表 3 - 4 行为强化模式的主要类型

序号	模式名称	创立目的
1	意外事故管理模式	把行为理论,特别是刺激控制和强化原则,运用到学习环境的设置、课程材料和个人管理的计划中。研究表明,它对某些学生和特殊教育问题非常有效
2	自我控制模式	通过操作的方法,达到对自我的控制,其目的是帮助个人通过自制,建立意外事故控制的计划
3	训练模式	源于训练心理学、控制心理学、系统设计学和行为心理学。它认为要改变人的行为,必须强调设置训练的情境,拟订训练计划,这个模式特别适用于学生复杂行为的发展

续表

序号	模式名称	创立目的
4	压力减轻模式	将行为治疗法用于教学中,旨在让学生学会如何学得轻松,减轻压力
5	脱敏模式	以松弛代替焦虑,利用松弛减轻"考试焦虑"和处理社会环境中人的紧张状态
6	直率训练模式	源于行为治疗,帮助学生用个人和社会的发散方式表现自己。学会坦诚地表达感情和解决社会冲突

(五)学科型教学模式的启示

1. 情感与认知在教学中的统一

在教学过程中,情感与认知紧密相联。认知因素在学生的学习活动中起操作作用,承担知识吸收、贮存和转化的任务,情感因素在学习活动中主要起动力作用,承担学习定向、维持、调节等任务。认知和情感怎样结合直接影响教学的效果,因此,当代许多教学模式都十分强调将情感与认知统一于教学过程中,发挥两者最佳组合的效果。

有些教学模式设置挑战性的问题情境,使教学内容富有复杂、新奇、趣味等特征,以激发学生求知的内驱力;教师不是将现成的知识直接传授给学生,而是让学生通过像科学家一样发现新知,深入到知识的形成过程中进行发现式学习。

有些教学模式特别重视学生的情感因素。教学过程之初开展前提性的情感诊断,以保证学生以最佳的情感投入到学习中;教学过程中给未达到目标的学生提供第二次学习机会和不同的学习条件,让达标者帮助未达标者,以激发和坚定学生进一步学习的兴趣和信心;教学过程之末开展单元评价,要求人人掌握教学内容,把学习的成功带给全体学生。

还有一些教学模式特别重视改善师生关系,让学生学会学习,要求教师放弃传统的权威,一切为学生服务。这些均是重视情感因素,融情感与认知于教学过程之中。当代教学模式不仅要求情感作为认知发展的手段,而且要求以情感本身的发展作为目的。

2. 知识传授与能力培养的统一

21世纪是知识经济时代,生产和科学技术迅猛发展,知识激增,知识更新加快,这就要求人们寻找获取知识的有效方法。因此,重视能力培养已提到越来越重要的地位。显然,知识获得与能力发展总是相辅相成的,当代教学模式正是包含了这一思想,力求使学生在获得知识的同时也培养其能力。

3. 教师教学新要求

教师不仅是知识的传播者或技巧的教授者,这要求教师既要能分析教材,又要能掌握教法;既要能理解学生心理,又要能巧妙地促进学生能力的发展;既要会创设问题,又能设置情境;既要成为学生学习的指导者,又要成为他们学习的好帮手。这一切,无疑是把教师的教学能力、技巧与艺术提高到一个新的高度。

教学模式的不断发展对教师教学水平的要求越来越高,只有在教师教学水平不断提高的前提下,教学模式才能取得它应有的效果。

4. 师生地位变化

从教学模式的发展看,从夸美纽斯到赫尔巴特,树立了教师在教学中的绝对权威,与此相对,学习成了教学活动的附庸。到了当代,教师和学生各自的地位发生了极大的变化。学生成了教学活动中的主体,以主人翁的姿态极大地影响着教师对教学内容和方法的选定以及教学进度快慢的确定,教师的角色则由"权威"转变为学习的"指导者""引导者""顾问""促进者""助手",他们对学生更多地起着指导、牵引、协助的作用。

5. 教学评价的作用

教学评价具有诊断、调整和激励教学的作用。在各种教学模式中,无论是教师对学生学习的评价,还是学生自我评价都体现出教学评价在教学中的巨大作用。

教学评价贯穿于整个教学中,更能促进教学目标的实现。开展诊断性评价,了解学生学习新知的准备情况;在教学过程中不时开展形成性评价,通过调整教学促成学生达到学习目标;在教学过程之末,开展终结性评价,以全面了解学生的学习情况。借助以上诊断性、形成性和终结性三种评价,从总体上说,都是为学生达到教学目标,使每个学生都能获得学习成功的体验,从而激励他们进一步学习。

五、高职教育教学模式现状

(一)理论教学仍以传统教学模式为主

在高职教育教学中,理论教学分班授课,主要采用传统教学模式,往往以"授—受"教学模式开展教学,注重教师中心,讲究系统传授,基本按"传授→理解→巩固→运用→检查"的程序进行。

1. 传统教学模式的弊端

（1）轻视学生的学习方法和探索与创新培养。学生在课堂上只是作为一个被动的"认知体"而存在，教学就认知而认知，只重视学科知识和技能的传授，忽视学生学习方法的习得和创造能力的培养。教师讲得多、学生活动少；传授知识多、指导方法少；注入式多、启发少；不重视激发学生学习的内在驱动力，缺少适时、适当的引导和点拨，教学手段和教学方法比较单一。

（2）忽视学生主体作用的发挥和学生个性的发展。教学过程中，教师只强调发挥自身的局部优势，忽视对课堂教学的整体优化，忽视学生主动的、积极的思维参与，导致形成教师中心、教材中心、知识中心的课堂教学僵化格局，压抑了学生主体作用的发挥，压抑了学生个性的发展。

2. 成因分析

（1）学科型教学模式的影响。我国高职院校主要从成教学院和普通中专升格发展而成，原以学科本位培养人才，教师习惯于采用传统的教学模式实施教学，教师的教学理论、教学技术、教学观念相对较落后。

（2）运用教学模式种类有限。教师除基本掌握传统的课堂"授—受"教学模式外，对职业教育教学模式了解相当肤浅，这必将导致教师钟情于传统教学模式。

（3）学生的学习素质下降。近年来，高职教育的学生人数急剧增加，但由于招生门槛极低（有些高职院校的高考分数线仅180分），学生学习态度、学习能力、知识准备都较差。一方面，教师担心完不成教学任务，放弃使用先进的教学模式；另一方面，体现学生主体思想的教学模式，因学生的学习热情低落，得不到学生的积极配合。

（二）实践性教学难以保障

根据高职教育人才培养方案，实践性教学占据整个培养计划的50%之多，高职教育教学模式的特色就缘于此。实践性教学的场所、物质条件、师资配备等因素直接影响着人才培养效果，实践性教学的保障条件是高职教育实施先进教学模式的硬件。然而，高职教育却存在着如下问题。

1. 教学实训基地建设不足

高职院校主要依靠自筹资金、上级拨付获得自身发展，要建设教学实训基地，需要上千万乃至几千万的资金，一些高职院校不具备经济实力。

2. 产学结合道路艰难

走产学结合之路,仅依靠高职院校自身努力是难以实现的,它离不开企业的帮助和支持。然而,我国许多企业自身亟待解决的问题就不少,对高职院校的产学结合很难给予帮助。

3. 订单培养难获企业支持

首先,由于我国企业传统的用人观念,不少企业仍习惯于无偿用人而不愿意投资合作培养人才;其次,许多企业对同一专业人才的需求量小;第三,企业承担人才培养义务,没有政策支持;第四,企业与高职院校合作培养人才,难以快速获取投资回报。

4. "双师型"教师缺乏

高职院校近年来不断派教师到企业、生产一线学习新技术、新工艺,以提高教师的实践教学能力,同时,引进高级技术人才充实教师队伍,但是,既掌握高超教学艺术,又能进行操作示范、技术指导等"双师型"教师仍然缺乏,以至于高职特色的教学模式难以更好的落实。

在教学实施过程中,由于实践性教学难以保障而缩短了实训环节,增加了理论教学,以至于高职教育办成了学科型专科教育。

(三)教学评价重结果,轻过程

1. 考试是高职教育教学评价的主要手段

教学评价是各教学模式中基本的教学过程,教学评价所采用的方式决定教学的取向,影响教学模式的实施。高职教育仍以应试教育为主,以考试作为教学评价的主要手段,重视教学结果,轻视教学过程。应试教育注重人的共性,忽视人的个性发展,学生没有根据个人兴趣进行选择的机会。考分成了唯一的、刻板的衡量学生学业成绩和教师教学实绩的标准,难以科学的监测学生和教师的创造性智慧和才能。

2. 在引进的 CBE 教学模式中,教学评价被歪曲

在 CBE(Competence Based Education)教学模式中,将从事某一职业所需要的能力逐级分解成若干项综合能力和专项能力(技能)以形成学习指南,学生按照学习指南的要求,根据自己的实际情况制定学习计划,完成学习后,先进行自我评价,认为达到要求后,再由教师进行考核评定。许多高职院校借鉴了加拿大的这种教学模式,也对能力逐级分解,然而,教学评价仍然以考试方式进行课程考核,只看重教学的结果,忽视教学过程的评价,学生学习的主动性被抑制,教学评价的导向功能、反馈功能被削弱,教学目标很难实现。

六、高职教育主要教学模式

发达国家的高等职业技术教育已形成较为完整的体系和各具特点的教学模式,我国的高职教育起步较晚,但经过近十几年的实践与探索,初步提出了一些适合国情的高职教学模式。为了使我国的高等职业教育可持续发展,对国内外典型的高职教学模式进行比较和创新研究,对深化高职教学改革,进一步充实、完善和深入探索适合中国国情的高职教学模式是非常必要的。

职业教育教学模式与学科型教学模式并不完全相同。学科型教育的教学模式主要针对某一课程在课堂中开展教学活动,以实现教学目的。由于职业教育本身的特点,单一以教室为教学场所,以课堂为基本单元开展教学活动,已不能实现职业教育的培养目标。在高职教育中,几乎超过一半时间的教学需在教室和课堂外实施,教学过程中所运用的教学程序不具备学科型教学模式的规范化、稳定性,教学模式出现了多样化、灵活性的特点。

(一)CBE 教学模式

CBE 意为"以能力培养为中心的教育教学体系"。主要流行于加拿大、美国、英国、澳大利亚等发达国家。20 世纪 90 年代初,原国家教委,将"中国—加拿大高中后职业技术教育交流合作项目"(CCCLP)引入中国,并在许多高等职业院校得到广泛应用。

1. CBE 教学模式的原理

CBE 教学模式是美国休斯顿大学,以著名心理学家布鲁姆的"掌握性学习"和"反馈教学原则"以及"目标分类理论"为依据,开发出的一种新型教学模式。CBE 教学模式认为:

(1)任何学生如果给予高水平的指导都可以熟练地掌握所学的内容。

(2)不同学生,学习成绩之所以不同是因为学习环境不充分,而不是学生本身的差异,大多数学生,若有适合自己的学习条件,那么在学习能力、学习进度、学习动力等方面都会很相似。

（3）教育工作者应该重视学，而不仅是重视教。

（4）在教与学的过程中，最重要的是学生接受指导的方式、方法和指导质量。

2. CBE 教学模式的内涵

CBE 教学模式可按下列程序开展：职业分析形成 DACUM 表→开发学习包→教学实施与管理→教学评价。

（1）职业分析形成 DACUM 图表。通过对人才市场的分析，把握职业社会对某专业的需求情况，学校以此作为确定专业、确定培养目标和规格的前提。将从事该职业所需要的能力逐级分解成若干项综合能力和专项能力（技能）。若干项专项能力则具有或形成一项综合能力，具备所有的综合能力后，就具备了从事该职业工作的能力。

对职业能力进行分解，形成 DACUM 表。它反映的是从事该职业所需要的具体技能或职业从业人员掌握的能力，即能干什么或会干什么。因此，DACUM 表不仅是职业培训和考核的基础，也是职业教育和培训中编制教学计划的基础。

这种职业分析工作，综合能力与专项能力的确定是由来自企业的专家和专门课程设计的专家组成顾问委员会完成的。

（2）开发学习包。学习包即学生学习指导书。根据 DACUM 表各项技能的内容和要求，开发相应的教学内容，即开发学习指导书或学习包。学习包的内容包括学习这项技能应了解或掌握的相关理论知识、有关这项技能的音像教学资料、模拟教学内容和实践教学内容。因此，DACUM 表只是教学计划编制的基础，学习包才是真正的教学内容。

（3）教学实施与管理。CBE 教学模式强调学生学习上的主体地位，强调学生积极主动地学习，教师只是一个指导者的角色，只是教学活动的组织者、管理者。在理论知识的学习上，它既可以根据学生的情况采取课堂讲授的方法，也可以采取学生自己学习、教师指导与回答问题的方法；在技能的学习上，则主要采取教师组织各种教学过程或教学活动，学生主动学习、练习、实践等方法。

对学生的管理主要是让学生明确学习目的及培养目标，激发学生的学习兴趣，让学生根据整个教学过程安排好自己的学习。对教学过程的管理主要是要求教师和学生按照教学流程组织和安排整个教学活动。

（4）教学评价。CBE 教学模式的教学评价是对学生已有能力的考核，形成的能力不论是原有经验还是通过学习获得的均予以承认，教学评价采取学生自评后提出申请,由教师考核认定的方式。

3. CBE教学模式的特点

(1)能力本位。以职业能力作为进行教育的基础、培养目标和评价标准;以通过职业分析确定的综合能力作为学习的科目;根据职业能力分析表所列的专项能力按从易到难的顺序,安排教学和学习的教育体系和学习计划。它打破了以学科为科目,以学科的学术体系和学制确定学时来安排教学的传统的教育体系。

CBE中的能力系指一种综合职业能力,包括四方面,即知识(与本职相关的知识领域)、态度(动机、动力情感领域)、经验(活动的领域)、反馈(评估、评价领域)。这四方面都能达到才构成一种专项能力,它一般以一个学习模块的形式表现出来。

以能力作为教学的基础,而不是以学历或学术知识体系为基础,因此,对入学学员原有经验所获得的能力经考核后予以承认,可以用较短的时间完成原定课程。

(2)学生参与评价。强调学生自我学习和自我评价。教师是学习过程中的管理者和指导者,负责按职业能力分析表所列各项能力提供学习资源,编出模块式的"学习包"——"学习指南",集中建立起学习信息室。学生要对自己的学习负责,按学习指南的要求,根据自己的实际制定学习计划,完成学习后,先进行自我评价,认为达到要求后,再由教师考核评定。

(3)灵活办学与科学管理。CBE具有办学形式的灵活性、多样性,形成了严格的科学管理。课程可以长短不一,随时招收不同程度的学生并按自己的情况决定学习方式和时间。毕业时间也不一致,易做到小批量、多品种、高质量。由于学生入学水平、学习方式不同,而且有相当程度的个别化,这就要求有一套严格的科学管理制度,以最大限度地满足教学的需要,发挥设备的作用。

(二)"双元制"教学模式

1. "合作培养"模式

"合作培养"既是一种办学模式,也是一种教学模式。它是学校和企业共同合作完成对职业人才的培养。"合作"有利于校企之间的资源共享,有利于参加生产和实习,在实践过程中学习知识,培养技能。此模式被实践证明是一种运转灵活、优势互补的职业教育教学模式。新加坡的"教学工厂"、德国的"双元制"都属于这种模式。

新加坡的"教学工厂"教学模式对我国少数高职院校有着较大影响,如苏州工业园区职业技术学院就成功地采用"教学工厂"教学模式。"双元制"教学模式于20世纪80年代初引入我国,当时主要在中等技术学校中进行试点,"双元制"经过20多年自身的发展、完善,以及在我国的实践表明,对于我国高职教育有许多可借鉴之处。

2. "双元制"教学模式的思想

德国教育专家胡勃先生认为:德国的职业教育体系与其称它为一种教育制度,不如称它为一种"思想",是一种注重实践、技能为未来工作而学习的思想。这是对双元制指导思想较为精辟的概括。双元制教学模式重点突出,"注重实践、技能"和"为未来工作",即它强调的是以培养技能和实践能力,直接通向生产岗位为未来而工作的一种教育。在这一思想指导下,德国双元制职教体系无论教育和实践训练时间的分配,还是培训的运行机制;无论是教学目标、文件、方案的制定,还是教学的具体实施,都体现出强烈的实用性、综合性、岗位性、技能性等特点。

3. "双元制"教学模式的特征

"双元制"是德国职业技术教育的主要形式,其根本标志是学生一面在企业(通常是私营的)中接受职业技能培训,一面在职业学校(公立的)中接受包括文化基础知识和专业理论知识在内的义务教育。这种"双元"特性主要表现为企业与学校、实践技能与理论知识的紧密结合,每一"元"都是培养一个合格的技术工人过程中不可或缺的重要组成部分。

"双元制"是学校与企业分工协作,以企业为主;理论与实践紧密结合,以实践为主的一种成功的职教模式。"双元制"教学模式的特征主要表现在以下几方面。

(1)职业培训是在两个完全不同的机构——企业和职业学校中进行的,并以企业培训为主。

(2)企业的职业培训由行业协会负责监督与管理,它受《职业教育法》的约束;职业学校的组织、管理则由各州负责,其法律基础是各州的《学校法》或《职业义务教育法》。

(3)受训者兼有双重身份。一方面受训者根据他与企业签订的培训合同在企业里接受培训,他是企业的学徒;另一方面,根据《学校法》,受训者在职业学校里接受理论课教学,他是学校的学生。

(4)教学文件由两部分组成。企业严格按照联邦政府颁布的培训规章及培训大纲对学徒进行实践技能的培训;职业学校则遵循州文教部制定的教学计划、大纲对学生进行文化及理论知识的传授。

（5）培训者由两部分人员担任。在企业里实施实践技能培训的师资称为培训师傅，在职业学校里教授普通文化课和专业理论课的师资称为职校教师。

（6）职业教育经费来源于两个渠道。企业及跨企业的培训费用大部分由企业承担，职业学校的费用则由国家、州及镇政府负担。

4."双元制"教学模式的操作策略

（1）与生产紧密结合。"双元制"职业教育形式下的学生大部分时间在企业进行实践操作技能培训，而且所接受的是企业目前使用的设备和技术，培训在很大程度上是以生产性劳动的方式进行，从而减少了费用并提高了学习的目的性，这样学生在培训结束后即可投入工作。

（2）企业广泛参与。大企业多数拥有自己的培训基地和人员。没有能力单独按照培训章程提供全面和多样化职业培训的中小企业，也能通过跨企业的培训和学校工厂的补充训练或者委托其他企业代为培训等方法参与职业教育。

（3）各类教育互通。德国各类教育形式之间的随时分流是一个显著特点。在基础教育结束后的每一个阶段，学生都可以从普通学校转入职业学校。接受了"双元制"职业培训的学生，也可以在经过一定时间的文化课补习后进入普通高等院校学习。有些已取得大学入学资格的普通高中毕业生也可接受"双元制"职业培训，目的是在上大学前获得一定的职业经历和经验。

（4）培训考核分离。这种考核办法，体现了公平的原则，使岗位证书更具权威性。

（三）BTEC 教学模式

1996 年，英国两大职业评估机构商业教育委员会（BEC）与技术教育委员会（TEC）合并成为商业与技术教育委员会，简称 BTEC。

英国 BTEC 教学模式是在国际上较有影响的以职业教育证书课程实施教学的模式。由英国爱德思（Edexcel）国家学历及职业资格考试委员会颁发证书，分初、中、高三个层次九大类，有上千种专业证书。

BTEC 教学模式不但注重灵活多样的动手体验，而且适用于不同年龄阶段、不同能力水平的人。BTEC 在中等、高等职业教育和人才培训方面居世界领先地位。在关键技能教育的拓展方面有着卓越的表现和权威性。

1. BTEC 教学模式的原理

以学生为中心是 BTEC 教学模式的核心。学生始终是学习过程的中心,教师则处于辅助地位。教师通过设计多种教学活动,实现学生积极主动地参与教学。学生在带着问题寻找答案的学习过程中,学会自己学习,从而达到 BTEC 能力的要求。

2. BTEC 教学模式的目标

倡导以学生为主体的教育思想,使学生学会如何学习,在成为学习主人的情境中学习 BTEC 课程,以获得主要的实际工作技能(与此同时还可以接受继续教育)。学习者可以像在真正的工作场所那样以团队的形式进行项目工作、个案研究以及完成所分派的任务。

当前世界经济的发展日新月异,产业和商业结构以前所未有的速度发生变化,带来了新的产品、服务、技术、工艺、工作职能和环境。为适应这些变化,BTEC 教学模式以培养适应新形势下实际工作能力为目标。

BTEC 模式的培养目标:

(1)管理和发展自我的能力;

(2)与人共事相处的能力;

(3)交流通讯的能力;

(4)完成任务和解决问题的能力;

(5)运用数字技术的能力;

(6)运用设备和软件的能力;

(7)创新和设计的能力。

3. BTEC 教学模式的特点

(1)平衡性。强调学术和职业、专业两方面的平衡。BTEC 模式是跨学科、跨领域的,强调课程内容的整合。同时,课程又以单元模块展开,便于安排,且单元分必修和选修,既有统一要求,又能适应不同需求。此外,教学中不要求有一本针对性很强的教材,鼓励学生去找资料,锻炼自学能力。

(2)个性化。重视个性的发展,鼓励个人潜能的开发,注重可变通性技能的发展。变通性技能(通用能力)即:自我管理和自我发展、与人共事的能力、交际能力、完成任务与解决问题等能力。

(3)主体性。倡导以学生为主体的教育思想,使学生能够学会如何学习,成为学习的主人。

（4）过程性。通过实际性的活动和任务进行连续性的评估，整个教学不是以最后的考试为唯一考核依据，平时的课业（如案例研究、作业、以实际工作为基础的项目等）是衡量学生是否达到教学目的主要标准。

（5）资格化。具有备受雇主们青睐的资格。因为其保证质量的课程学习，为选择职业准备了充分的条件，得到众多专业机构承认的具备各种年龄层次的国际认可资格。同时，还可进入英国大学学习。

4. BTEC 独特的评估方式

BTEC 教学模式的评估目的是考核学生解决实际问题的能力，主要通过课业完成过程全面评估学生学习到了什么专业能力，并测量通用能力的发展水平。

（1）考核以课业为形式，以证据为依据，以成果为标准。BTEC 教学模式的检查和评价注重学生的学习过程。成果包括专业能力成果和通用能力成果两方面。专业能力成果是指学生在完成教师交给的课业和其他任务时，掌握、运用和创新专业知识的能力。为保证考核的准确性，要求教师对每次课业和每次课内外活动都要给出明确的等级评判标准，并且要求标准内容十分清晰，具有很强的实用性。通用能力是指学生在课堂学习、完成课业和社会调研等活动中，表现出的自我管理、与人沟通合作、解决问题和完成任务、运算和应用现代科学手段、设计和创新等能力。无论是哪方面的成果，都是学生在完成任务过程中逐渐积累的，都是教师考核学生学习成绩的依据。证据获得来自学习过程的表现；社会、学校等各方面的反映；学习笔记、总结，自我评价等方面。

证据汇编由学生自己收集整理。内容包括个人总结、学习心得、测验单、教师或指导教师的书面反馈意见、课堂笔记、实验或实习报告、问卷调查、工作记录、图表、照片、计划、流程图、日程表、草稿、数据库、计算机文档及软件等。汇编的材料既为学生申报成果、教师定级提供基础证据，又为雇主展示学生的成就和潜能。

（2）考核以课业为主，多种形式并用。BTEC 教学模式的考核是以课业为最主要的形式。同时，针对不同专业，辅之以其他多种考核方式，以"课业 + X"的形式开展考核，X 可以由"笔记""活动""口试""案例分析""社会调查"等项目中的一项或几项组成。

（3）以成果定等级，重视资料积累。BTEC 教学模式以课业形式为学生提供在活动中展现自己能力的机会，成果主要在完成课业的过程中展示。课业由一项或一系列有实际应用背景的任务组成,每次课业规定了学生必须锻炼和展示通用能力的内容,一般应取得 3~5 项成果,课业学习的成绩最终以成果定等级。

5. 尊重学生,重视投诉

BTEC 教学模式的考核同样体现出以学生为中心,投诉是 BTEC 模式赋予学生的基本权利。当学生的自我评价与教师的评价不一致时,学生可以在有充分证据的前提下,对教师的评价结果提出质疑,甚至逐级投诉。教师把接受投诉当作自己工作的一部分,以鼓励的态度倾听学生的意见,并作好充分解释和说明。这样既有利于教学相长,也有利于培养学生独立的个性和创造性思维。

(四)"五阶段循环"教学模式

"五阶段循环"教学模式是我国较为典型、系统、成功且具有一定影响力的高职教学模式。

1."五阶段循环"教学模式的原理

以能力本位思想为指导,紧密结合我国高职教育的培养目标,从实际出发,运用了教育学、心理学、教育技术学、课程设计理论和一般系统理论、营销学、技术经济学、质量管理学等现代科学理论形成了"五阶段循环"教学模式。

2."五阶段循环"教学模式的内涵

"五阶段循环"教学模式是以其运行程序来命名的。其运行程序如下图所示。

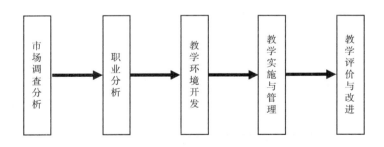

"五阶段循环"教学模式运行程序

(1)市场调查分析阶段。此阶段的工作分为两项。一是市场调查,主要研究国家特别是本地区的有关政策,调查人才市场需求,正确作出专业设置的决定;二是开办专业的可行性研究,就是根据人才需求,决定培养方式、学制,并进行经济分析,决定是否开设此专业。

(2)职业分析阶段。经过市场调查分析,确定了开设的专业,就需要研究专业培养目标。根据职业教育能力本位原则,应用职业能力和素质分析方法,进行培养目标专项职业技能和素质的分析。各个专业从现场聘请优秀第一线人员对职业岗位进行分析,确定某职业和岗位所需的能力领域和技能,并最终形成一份职业能力图表。

(3)教学环境开发阶段。由教学环境开发专家、行业专家和教师组成教学环境开发小组。

①开发教学软环境。

a. 技能分析。对职业能力图表中的全部技能进行分析,列出每一个技能的全部操作步骤与活动内容:必须够用的理论知识、工作态度、考核评价标准,用到的设备、工具、材料与人员及安全须知。

b. 技能组合分析。通过技能分析将相近的便于一起教学的技能组合在一起,制定课程教学大纲并形成课程体系。

c. 教学进程计划开发。按教学规律和技能形成规律,将各个课程和技能按学期排列。

d. 开发技能整合学习指导书。为了使相关的一组技能形成能力,针对这一组技能开发一份学习指导书。

②开发教学硬环境。

a. 设计教室;

b. 设计实训、实验场所;

c. 设计资料室;

d. 建立实习基地。

(4)教学实施与管理阶段

①教学实施过程分四个阶段。

a. 测试入学水平;

b. 制定学习计划;

c. 实施学习计划;

d. 考核与评定成绩。

②教学管理阶段应注意以下几方面。

a. 根据职业教育特点,增设市场、教学开发与评估和学生就业咨询等部门。

b. 教师由知识的传播者转变为学习活动的管理者,学生由被动的接受者转变为主动的学习者。

c. 教学设施设备和工具等要存取使用方便,便于指导教师观察指导学生的学习活动。

d. 建立健全学生学习档案管理制度。

(5)教学评价与改进阶段。教学评价是此模式周期中承上启下的一个重要环节。因此,教学评价必须标准化、规范化和制度化,以保证模式的顺利运行和不断提升。教学评价包括学生培训目标评价、教学环境评价、教学过程评价、教师评价和教学评价等。

3. "五阶段循环"教学模式的特点

(1)市场导向。以市场为导向,强调职业技术教育的专业设置,随着社会对人才需求的变化而变化。

(2)能力中心。以能力培养为中心,重视综合素质和职业能力的提高。

(3)科学指导。以科学方法为指导,具有较强的系统性和实用性。

(4)自我完善。具有自我完善的功能。

总之,"五阶段循环"教学模式针对中国的国情和实际,在市场调查与分析、职业能力分析、教学环境开发、教学实施、管理与评价五个阶段,均较 CBE、BTEC 等教学模式有一定的发展和创新,得到职教专家的较高评价。

(五)职教模式研究的启示

国外的 CBE、双元制、BTEC 以及国内的"五阶段循环"等高职教学模式已趋于成熟。虽然这些教学模式都有各自的成长土壤和适应环境,但由于它们建立在职业教育学的科学基础之上,因而为创新或建构新的高等职业教育教学模式以重要的启示,表现在以下几方面。

(1)采用非学科式的、以能力为基础的职业活动模式。

(2)整个教学过程是一个包括获取信息、制定工作计划、做出决定、实施工作计划、控制工作质量、评定工作成绩等环节的"完整的行为模式"。

(3)采用以学生为中心的教学组织形式。

(4)教师的作用发生了根本的变化,即从传统的主角、教学的组织领导者变为教学活动的监督者和学习辅导者。

（5）采用目标学习法，重视学习过程中的质量控制和评估。

国内兴起的"产学研结合""产教结合"等高职教学模式，虽然在模式创新上有所突破，但在系统性、科学性以及各个环节的衔接、评价体系等方面均存在一些问题，尚处在进一步完善、探索、发展阶段。

第四章　高职翻转课堂教学模式的建立

一、翻转课堂教学模式的理论依据

(一)布卢姆的掌握学习理论

1. 掌握学习理论的定义

掌握学习理论是由美国当代著名心理学家、教育家、芝加哥大学教育系教授本杰明·布卢姆(Benjamin S. Bloom)提出的,它是美国20世纪50~60年代教育发展的产物。掌握学习理论是指只要学生所需的各种学习条件具备,任何学生都可以完全掌握教学过程中要求他们掌握的全部学习内容。布卢姆指出:如果按规律有条不紊地进行教学,如果在学生面临学习困难的时候和地方给予帮助,如果为学生提供了足够的时间以便掌握,如果对掌握规定了明确的标准,那么所有学生事实上都能够学得很好,大多数学生在学习能力、学习速度和进步的学习动机方面会变得十分相似。[1]在总结前人研究的基础上,基于自己的教育理论布卢姆提出为"掌握而教"的思想,进而提出掌握学习理论。他认为只要让学生具备各种条件,每位学生都可以掌握所要掌握的内容。

布卢姆的掌握学习理论是在卡罗尔学习理论的基础上发展而来。他吸收了卡罗尔提出的学习理论中的五个变量,进一步为掌握学习理论构建出模型,并在自己的教学实践中得到印证。这五种变量包括学习时间、学习毅力、教学质量、理解教学的能力和能力倾向。这五种变量相互影响,最终影响学生的学习效果。

2. 掌握学习理论的核心思想

为掌握而教。"大多数学生(也许是90%以上)能够掌握我们所教授的事物,教学的任务就是要找到使学生掌握所学学科的手段"[2]。这就是为掌握而教的核心思想。作为教育者必须要改变传统的教育思想,树立新的学生观。勇于质疑传统的教学思想,改变传统的认为学生的学业成绩正态分布的思想。布卢姆认为学生的学业成绩分布是完全可以改变的。

布卢姆提倡的是一种新的学生观，相信在教师一定方法的引导下，大多数学生可以学好专业知识和有更高学习动机的积极性。

3. 实施程序

掌握学习理论不仅是一种理论，一种思想，也是一种策略，它教我们怎样去实施。在掌握学习理论中，布卢姆提出了教学评价的新概念："诊断性评价""形成性评价"与"总结性评价"。

在新学期开始时，一般要对学生的情况进行诊断性评价。诊断性评价是指教师在教学前对学生的实际情况予以评价，评价的目的不是为了给学生贴上"好生""差生"的标签，而是为了使自己的教学更加适合学生的需要，促进学生的学习。

在实际教学过程中，需要对学生一个阶段的学习做出评价。形成性评价的目的是为了给教师与学生提供反馈。布卢姆认为，掌握性学习策略的实质是：群体教学并辅之以每个学生所需要的频繁的反馈与个别化的矫正性帮助[3]。反馈通常采用诊断性的形成性测试形式表明学生已经掌握了哪些任务，以及还有哪些需要掌握。提供个别化的矫正性帮助，能使每名学生领会他未领会的重点[4]。从而调整教学过程，针对学生的实际掌握情况开展教学。布卢姆认为，"学习单元宜包括约两周的学习活动或大约 8～10 小时的课内教学。在小学的低年级中，单元可只包括大约一周教学，而在更高级的学习水平上（学院与研究生或专科学校水平），单元则可长达三或四周的教学，形成性测试的要点是使学习时间变得最多而使矫正时间变得最少。"[5]

总结性评价是指在教学结束时所做的评价，目标是"为了给学生评定成绩，或为学生作证明，或者是评定教学方案的有效性"[6]。评定学生一学期、一学年或者一个学习单元所掌握的程度，对学生的总体情况作出更为全面的评定。

三阶段评价构成了一个循序渐进的教学过程，反馈与矫正贯穿在每个教学环节。教师通过每个阶段的评价不断改进自己的教学，提高教学质量，在各个评价学习阶段，为掌握学习者提供个别化的指导与帮助。学生通过每个阶段的评价发现自己存在的问题，弥补自己知识的不足，真正为自己的学习负责，成为学习的主人。

在掌握学习进行过程中，为掌握学习者不断减少，逐步达到每个学生都能掌握的目的。

图 4 - 1[7]是张桃梅在《布卢姆"掌握学习"理论述评》中所建构的掌握学习教学示意图。能清晰地看出在掌握学习理论模式中,三阶段评价在不同教学阶段发挥的作用。

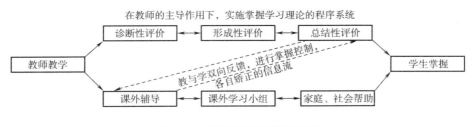

图 4 - 1　掌握学习教学示意图

4. 对掌握学习理论的评价

掌握学习理论是一种新的教学观、学生观,为教育实践提供了一套全新的教育研究方法。它也从根本上解决了教育中的最大误区,即"牺牲多数保证少数"的正态分布理论,为改进教学方法、提高教学质量提供了新的途径和思路。

掌握学习理论作为一种教学理论和策略,有其适用的条件限制和约束,比如说它适用于基础理论、基础课程等封闭性课程的教学,对于创造性强的开放性课程不适用。掌握学习理论在实施中强调反馈—矫正,但是这个过程会浪费很多时间和精力。可以保证一般学生的普遍性发展,但是对于智力超常儿童的发展不利。掌握学习理论可以保证学生知识的掌握和巩固,但是在某种程度上会忽视成绩所不能代表的学生其他方面能力的发展。

(二)学习风格理论

1. 学习风格定义

学习风格理论最早由美国学者赛伦(Herbert Thelen)提出;邓恩(Dunn)夫妇把学习风格定义为:"学生集中注意并试图掌握和记住困难的知识和技能时所表现出来的方式,包括学习者对学习环境的选择、情绪、对集体的需要以及生理的需要"[8]。瑞德(Reid)将学习风格定义为"学习者所采用的吸收、处理和储存新的信息,掌握新技能的方式,这种方式是自然的和习惯性的,不会因为教法或学习内容的不同而发生变化"[9]。至今学术界未对此作出一致定义。本人认为学习风格是学习者所偏爱的一种学习方式,它说明学习者在解决相关问题的过程中会表现出稳定的具有个人色彩的特点。研究学习风格可以为我们探索学习者的差异性提供价值。

邓恩夫妇从影响学习者风格的影响因素出发对学习风格做出全面的分类。他们认为影响学习风格的因素包括环境类要素、情绪类要素、社会类要素、生理类要素和心理类要素五方面对学习者做出不同的划分。

科尔布(Kolb)根据学习者如何获取信息和加工信息把学习者分为四类,即同化型(Assimilators)、聚合型(converges)、发散型(divergers)和顺应型(accommodators)。同化型、发散型学习者通过抽象化观念思维获取信息,通过观察与反应加工信息;聚合型、顺应型学习者通过具体的经验获取信息,通过积极的实验加工信息。因此,只有在学生的学习风格与教师的教学风格相吻合的情况下,学生才更有可能在自己擅长的领域有所突破。

不同的学习者有不同的学习风格。学习者所处的社会环境、家庭环境、学习环境、社区环境等这些外部因素以及性格特征、认知特点、个人观念等内部特征都会影响学习者的学习风格。正是这些复杂的因素导致了学习者不同的学习风格。

2. 学习风格理论分类

学习风格理论主要包括感知学习理论和认知学习理论。

感知学习理论把学习者分为视觉型学习者、听觉型学习者和触觉型学习者。视觉性学习者主要通过观看图片、电影等视觉性材料来学习,阅读和直接的视觉刺激可以为他们带来更好的学习效果。听觉型学习者主要通过听和说的方式进行学习,他们喜欢讨论会和小组研讨的学习方式,他们在课堂上提问和回答问题积极踊跃。触觉型学习者更喜欢亲身体验来学习,不喜欢一直"静坐"的学习方式,他们动手能力很强,喜欢角色扮演与游戏等活动。

认知学习理论根据个体受环境影响的程度把学习者分为场依存型学习风格与场独立型学习风格。场依存型的学习者很难将自己同周围的环境分开,乐于与伙伴进行协作活动;场独立型学习者善于从整体中分出各个要素,不容易受环境的影响和外界的干扰。

不同的学习者具有不同的学习风格。然而不幸的是学生并不能根据教师的教学风格来选择适合自己的学习风格。教师也不可能被期望改变自己来适应所有的学生。因此,有着多种教学风格的课堂才更可能增加学生的表现。

(三)学习金字塔理论

学习金字塔(Cone of Learning)最先由美国学者爱德加·戴尔(Edgar Dale)于1946年提出。他以语言学习为例,学习两个星期后的结果如图4-2所示。

爱德加·戴尔认为不同的学习方式导致不同的学习结果。具体来说,从塔尖到塔基分别为:阅读可以记住10%的内容;听老师讲课可以记住20%;通过看图可以记住30%;观看展示可以记住50%;与同伴讨论并发表自己的观点可以记住70%;给别人讲解自己的理解和参与实验、动手做实验可以记住90%。30%以下的为被动的学习,50%以上的为主动学习。

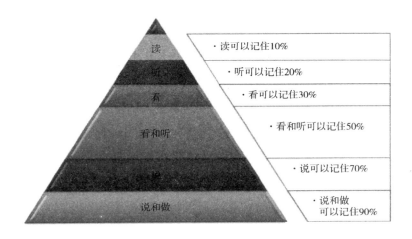

图4-2 爱德加·戴尔提出的学习金字塔理论图

美国缅因州贝瑟尔国家培训实验室(National Training Laboratory)做过类似的研究,并提出了学习金字塔理论,图4-3[10]是他们所提出的金字塔理论图。实验所得结论跟埃德加·戴尔的实验差不多,只是把阅读和听讲交换了次序。他们认为,阅读这种学习方式比听讲的学习方式能记住更多东西,这与实际情况更贴近。

课堂中采用的不同学习方法可以导致不同的学习效果,课堂教学应该根据不同教学内容的具体形式采用不同的学习方式,仅仅靠教师在讲台讲解和学生在教室里听的这种方式效果最差,反之,应该鼓励学生多动手实践和亲身体验,让学生实实在在地参加到小组学习活动中,这才是一种高效的学习方式。

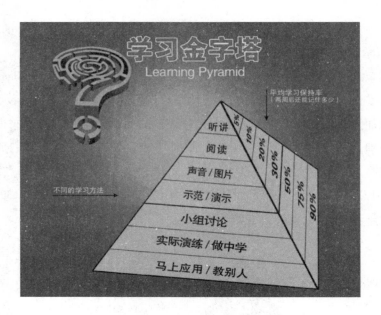

图 4-3　美国缅因州贝瑟尔国家培训实验室提出的金字塔理论图

(四)建构主义理论

瑞士哲学家、心理学家让·皮亚杰(Jean Piaget)最早提出建构主义。他从认识发生和发展的角度对儿童心理进行了系统的研究。他认为,儿童是在与周围环境的相互作用中渐渐建构关于外部世界的认知,从而改变自身的认知结构。儿童与外部世界的相互作用通过同化与顺应两个过程,最终达到平衡。同化即学习者将外部信息归入到自己已有的认知结构中,顺应指改变自己的认知结构,通过这两个过程达到与外部环境的平衡。儿童正是通过同化与顺应过程逐步形成自己的认知结构,并在"平衡—不平衡—平衡"的循环中得到丰富和发展。

在皮亚杰认知结构理论的基础上,诸多专家、学者从不同角度进行建构主义的研究,涌现出许多著名的学者及其不同的派别。社会建构主义的先驱维果茨基(Vygotsky)强调学习者的社会文化、历史背景的作用,提出"最近发展区",称之为社会建构主义。它强调,学习是一个文化参与的过程,学习者只有借助一定的文化支持来参与某一学习共同体的实践活动,才能内化有关的知识。

建构主义理论在学习观上认为,"学习不是一种刺激—反应现象,它需要自我调节,以及通过反思和抽象建立概念结构"[11]。学习是学习者主动意义建构的过程而不是教师"灌输式"的过程。在建构主义理论下,知识具有建构性、社会性、情境性、复杂性和默会性。在教学观上,建构主义理论认为教师不应该无视学生已有的知识经验。在课堂教学中,教师应该充分发挥学生的积极性与主动性,以学生自己的主动的、互动的方式学习新知识。

(五)人本主义学习理论

人本主义学习理论建立在人本主义心理学的研究基础上。人本主义心理学产生于 20 世纪 50 年代末的美国。人本主义心理学主张用人的观点和方法看待人,强调人的自我实现,关心和重视人的尊严和价值,关心每个人自我潜能的发展。强调学生个体的尊严和价值,强调"无条件积极关注"在个体成长过程中的重要作用,认为教育的目标就是要实现学生的整体发展,教学过程就是促进学生个性发展的过程,教育不是泯灭学生的本性,而是要培养学生学习的积极性与主动性。

教育的灵魂就是塑造人的灵魂。有灵魂的教育就是"负载人类终极关怀的有信仰的教育,它的使命是给予学生的终极价值,使他们成为有灵魂信仰的人……"[12]。人本主义者以学生为中心,反对传统的向学生进行的灌输式的无意义学习,强调学生所学内容对学生本身的实际教育意义。人人都有学习的潜能,并具备自我实现的动机,教师必须利用学习先天的内驱力进行意义学习,而不应该逼迫学生去学习那些对他们缺少意义的学习材料,教材有意义且符合学生的学习目的,才能使学生积极投入到学习过程中。学生自主、自发、全心投入学习才会真正产生良好的学习效果。在教学过程中,教师应尊重学生的个人经验,帮助学生理解教学内容对个人的意义,以使他们适应不断发展的社会。教师应以完整的人格、整体性的精神,参与学生精神世界的建构。教育的力量真正地作用到学生精神的整体发展上,有助于完整的人的发展[13]。

二、翻转课堂教学模式

(一)翻转课堂教学模式步骤

翻转课堂教学模式已在美国实施长达十几年。美国林地公园高中从初步探索到逐步完善走过了漫长的实施道路。然而美国林地公园高中翻转课堂教学模式实施的成功范式影响到美国很多中小学乃至世界各地的学校。有越来越多的学校开始根据本学校的特色开创出符合本校特色的翻转课堂教学模式。实施翻转课堂教学模式,应有以下阶段。

1. 课前准备阶段

（1）教师活动。

①分析教学目标。谈到翻转课堂，人们的第一反应就是制作教学视频。但是在制作教学视频之前，需要分析教学目标。教学目标就是通过教学活动期望达到预期的结果。明确教学目标，期望学生通过教学知道什么、获取什么，这是任何教学所要明确的第一个关键问题。只有教学前确定清晰的教学目标，教学才有针对性，才能明确要采用的具体教学方法，哪些内容需要探究式的教学方式，哪些内容需要采用视频的方式，哪些内容需要直接的讲授。明确了教学目标，才能避免教学中的盲目性和无目的性。

②制作教学视频。在翻转课堂中，知识传递是通过视频完成的。教学视频可由教师自己录制，也可使用其他教师制作的教学视频或网络上优秀的视频资源。制作教学视频是翻转课堂教学模式的重要部分。

制作教学视频的步骤：第一，做好课程安排。明确课堂教学的目标，决定视频是不是合适的教学工具来完成课堂的教育性目标。如果教学内容不适合通过教学视频直接讲授的方式，就不要仅仅因为是要实施翻转课堂而去使用。第二，做好视频录制。录制教学视频过程中应考虑学生的想法，以适应不同学生的学习方法和习惯。美国大部分实施翻转课堂的学校在录制教学视频中并不呈现教师的整体形象，而是呈现一双手和一个交互式白板，在白板上有教师所讲授内容的概要。录制教学视频必须选择一个安静的地方，以保证学生观看教学视频时不受视频中噪声的干扰。

③做好视频编辑。进行后期制作，可以让教师改正视频制作中的错误。

④做好视频发布。发布视频是为了让学生能够观看到教师制作出来的视频。在此阶段，教师最大的问题在于把视频放在什么地方以使学生都能够观看视频。不同的学校会根据本地区、本学校和本校学生的具体情况确定视频发布的地方。可把教学视频发布到一个在线托管站点，比如 Moodle 平台、YouTobe 等，也可为家里没有网络或者电脑的学生制作 DVD，也可让学生使用属于自己的账户登录到校园多媒体中心观看。总之，学校可以选择一到两种方法满足学生的需要。

（2）学生活动。

①观看教学视频。教师通过对教学内容的分析，把适合直接讲授的内容用教学视频的形式交给学生，在一定程度上避免了浪费课堂时间。学习速度快的学生

可以快速地学习知识,学习进度慢的学生,也不用担心传统课堂上跟不上教师节奏的问题。学生可以根据自己的实际情况让教师讲授的内容做适时的停顿。在观看教学视频的过程中,学生遇到不懂的地方可以做笔记,把自己不懂的问题带到课堂上,这样学生可以完全掌控自己学习的步调。在此过程中,学生可对教学视频里所讲授的知识做一定程度上的梳理和总结,明确自己的收获和疑惑的地方。

②做适量练习。学生观看教学视频后需要完成教师布置的针对性课堂练习。这些练习是教师针对教学视频中所讲的知识,为了加强学生对学习内容的巩固并发现学生的疑难之处所设置的。根据"最近发展区理论",教师需要对课前练习的数量和难易程度做合理设计,明确让学生做练习的目的是帮助学生利用旧知识完成向新知识的过渡,巩固对教学视频中知识的掌握。教师可以通过网络交流平台与学生互动,了解学生观看教学视频和做练习过程中遇到的问题。可以通过学生所做的练习的反馈情况及时了解学生实际的学习情况。与此同时,同学之间也可以进行互动,彼此交流收获,进行互动解答。

2. 课中教学阶段

(1)确定问题,交流解疑。传统的课堂教学教师主宰着课堂,师生之间的交流是建立在不平等的基础上的。课堂中要实现真正的交流需要一种融洽的环境作保障。

学生在观看教学视频的过程中,由于本身的知识结构、看问题的角度不一样,因此对事物的理解也会不同,这样学生之间会产生一种认知的不平衡,这种不平衡会导致学生产生新的认知结构。在课中活动开始阶段的交流中,教师应根据学生观看视频的情况和网络交流平台所反映出的问题进行解疑。学生也可以提出自己观看教学视频中存在的疑惑点,与教师和同学共同探讨。

(2)独立探索,完成作业。独立学习能力是学生必备的能力之一。没有独立学习的能力,就无法在社会中生存。独立性是个体存在的主要方式。

在传统的课堂中,课堂的大部分时间用来讲授知识,学生课下时间被大量机械性的作业填满,学生独立学习和探索的能力被压制。学生是独立的个体,他们本身有着独立学习的能力。学生知识的内化需要经过学生独立的思考,教师只能从方法上引导学生,而不能代替学生完成学习。

翻转课堂为学生提供了个性化的学习环境,学生在课堂中独立完成教师布置的作业,独立进行科学实验。学生在完成作业的过程中,学生审视自己理解知识的角度,建构知识的结构,完成知识的进一步学习。刚开始时,教师要给予学生一定的指导,帮助学生完成任务,待学生有一定的独立解决问题的能力的时候,教师要"放手",逐渐让学生在独立学习中构建自己的知识体系。

(3)合作交流,深度内化。学生在独立探索学习阶段,已建立了自己的知识体系。但是要完成知识的深度内化,需要在交流合作中完成。人是社会中的人,交往是人与人之间直接相互作用的过程。交往是一种主体之间通过符号相互协调的相互作用,它以语言为媒介,通过对话,达到人与人之间的相互理解和一致[14]。交往是学生在与他人对话、交流、讨论等学习活动中开展的学习过程,他们在此过程中实现自身的发展。实验证明,团队学习、合作学习和参与式学习的效果可以达到50%以上。

在翻转课堂里,课堂形态为学生分成小组,一般三四人为一组,学生与学生之间通过独立探索阶段的所学,与同伴交流自己对知识的理解。教师不是站在讲台上,俯视着课堂里所发生的一切,而是走下讲台,走进学生的探讨中,真正地融入学生的小组活动中。当学生在讨论中遇到问题时,教师给予及时的帮助,引导学生澄清对知识的错误认知。在此过程中学生的批判性思维、课堂参与能力和对待学习的态度发生了很大的改变,学生站到了学习的主体地位。当学习本身成为学生自身需要的时候,学生就会真正成为学习的主人,变"要我学"为我要学。教师也从说教、传授的角色转变为学生学习的引导者和促进者。在传统课堂里,合作学习只是课堂教学的"微弱"补充,难以真正发挥学生积极探索的积极性,合作学习只是流于形式。在翻转课堂教学模式下,在课堂里学生与学生之间、学生与老师之间的合作学习才是真正意义上的合作学习。

(4)成果展示,分享交流。经过独立探索和合作交流后,完成个人或者小组的成果。学生可以通过报告会、展示会、辩论赛或者小型比赛等形式交流学习心得、体会。在成果展示过程中,学生或小组可以通过教师与学生的点评获得加深对知识的了解。还可以通过观看其他学生或小组的展示,学到他人的优点,明确自己的优势与不足。学生在此过程中不断领略学习给他们带来的乐趣,能以一种更积极的乐观心态面对以后的学习,增强自信心。这也是一个交流的平台,学生在交流中彼此的智慧火花得以展现。教师在分享交流环节可以通过学生或者小组的汇报,了解学生知识的掌握水平,有针对性地进行后期的"补救"工作。在学生展示环节,教师要为学生创设一个民主、平等、和谐、自由的课堂环境,适时调控学生学习的进程和发展方向。

实施翻转课堂教学模式，教师不仅鼓励学生在课堂上进行展示，学生也可以在课下通过制作微视频方式把自己的学习汇报上传至网络交流区，供教师和同学讨论和交流。翻转课堂教学的成败并不在于视频的制作，而是在课堂学习活动的设计。如何改变传统的教师主宰课堂的局面，让学生真正成为学习的主人，是翻转课堂教学模式为课堂教学带来的关键点。

（二）翻转课堂教学模式的教学策略

采用一定的教学策略可以使某种教学模式达到较好的教学效果。所谓教学策略，是在教学目标确定以后，根据一定的教学任务和学生的特征，有针对性地选择与组合相关的教学内容、教学组织形式、教学方法和技术，形成具有效率意义的特定的教学方案。教学策略具有综合性、可操作性和灵活性等特征[15]。因此，教学策略具有动态的构成维度和静态的内容构成维度。教学策略的内容构成在一定程度上反映出其动态的维度。教学策略的内容构成包括三个层次：第一层次指影响教学处理的教育理念和价值观倾向；第二层次是指达到特定目标的教学方式的一般性规则的认识；第三层次是具体的教学手段和方法[16]。教学策略可以来自理论推演和具体化，也可来自实践教学经验的总结和概括。

翻转课堂教学模式的精髓是让学生对自己的学习负责，充分尊重学生的主体性地位，让学生成为自己的学习主人。改变传统课堂满堂灌的局面，变课堂为学生个性化的学习环境。其策略是：以为学生创设个性化的学习环境为基础，以培养学生学习的主人翁意识和创新能力为核心，通过制作教学视频和利用一切有用的教学资源让学生在课前完成知识的掌握和课中一系列学习活动的方法，让学生在自主学习、独立探索、合作探究中实现知识的内化，探求知识的意义。翻转课堂教学模式的教学策略有学生学习策略、教师教学策略和教学相辅策略。

1. 学生学习策略

学习策略是学习者在学习活动中，进行有效学习的规则、方法、技巧与调控。它既包括内隐的规则系统，也包括外显的程序与步骤[17]。在翻转课堂教学模式中，学生在课前需要完成知识的掌握，课中则以独立探究、自主学习为基础，以与同伴的合作学习为纽带，实现所有学生的独立性、创造性和合作性综合素质的全面发展。

（1）课前学生学习教学视频的策略。翻转课堂教学模式是通过教学视频学习在传统课堂里教师直接讲授给学生的知识。学生在课前需要完成知识的初步学习，一般是原理性或事实性知识的学习。

学生学习教学视频是对自己本身学习调控的过程。教学视频一般为 7～10 分钟的"微视频"。完成 10 分钟理论知识的学习，需要学生有一定的自制力和控制力。首先学生要选择一个较为安静的环境，这样才能免受外界的打扰，全身心学习教学视频。然后，根据自己的情况适时"倒带"。最后，做笔记，记下自己不懂的地方或者感兴趣、想要进一步了解的问题。这是学生看教学视频过程中要做的重要事情。若学生看完教学视频，只是在脑子中过一遍，并没有与自己的原有知识结构发生反应，没有自己的思考，就是无效的学习。这也是培养学生问题意识的重要一步。

（2）学生独立探究策略。探究是多层次的活动，包括观察；提出问题；通过浏览书籍和其他信息资源发现什么是已经知道的结论，制定调查研究计划；根据实验论证对已有的结论作出评价；用工具收集、分析、解释数据；提出解答，解释和预测。探究要求确定假设，进行批评的逻辑思考，并且考虑其他合理的解释[18]。探究策略既是一种学习策略，也是一种教学策略。独立探究策略具有主体性、独立性、实践性和开放性等特点，主体性为最重要的特征。

当今世界的发展需要学校培养具有独立研究能力的学习者。具有探究能力的人才能具有创新能力，才能体现出人作为独立个体存在的价值。在翻转课堂教学模式下，学生主动参与到学习过程中，积极从事自己的学习活动。翻转课堂教学模式不再只注重教学效果，它更关注学生获得知识的过程。在这个过程中，教师的讲授逐渐让位于学生自主学习的过程，学生不能再依赖教师事无巨细的讲解，而应该培养自己学习的主动性。学生在独立探究的过程中会遇到很多问题，教师的角色从讲授者变为引导者。学生学到知识，体验到学习带给自己的成就感，更激起了学习乐趣。

（3）学生合作学习策略。合作学习于 20 世纪 70 年代兴起于美国，合作学习（cooperative learning 或 collaborative learning）又称协作学习，是以现代社会心理学、教育社会学、认知心理学等学科为基础，以研究与利用课堂教学中的人际关系为基点，以目标设计为先导，以师生、生生、师师合作为基本动力，以小组活动为基本教学方式，以团体成绩为评价标准，以标准参照评价为基本手段，以大面积提高学生的学习成绩、改善班级内的社会心理气氛、形成学生良好的心理品质和社会技能为根本目标,极富创意与实效的教学理论与策略体系[19]。合作学习包括师生合作、生生合作、师师合作和全体合作四种形式。

在翻转课堂教学模式下的合作学习是真正意义上的合作学习。学生在一种团结、合作的氛围中不仅提升了学术能力,也提升了人际交往能力。此时教师的角色得以凸显,教师逐步引导学生深化对知识的认识,逐渐完善学生自己建构的知识体系。

2. 教师教学策略

(1)教师制作教学视频的策略。在翻转课堂教学模式中,教师需要制作高质量的教学视频。可汗学院制作的微视频一般不呈现教师,只展现一块白板和教师的一双手。乔纳森在如何制作高质量的教学视频方面一直不断探索。他提出教师可以制作自己的教学视频,也可以采用网络优秀教学视频。

当说到录制教学视频的时候,很多人会认为这是一个大成本的花销。其实录制教学视频需要截屏程序、一台电脑、电子笔输入设备、麦克风、网络摄像头。教师在制作教学视频中,可以使用截屏程序(screencastingprogam)。教师完成教学视频后,可以根据实际情况把不需要的部分用截屏程序去掉,教学视频得以修改。当教师需要呈现所展示的 PPT 时,截屏技术可以很容易实现。在录制过程中,可以使用屏幕录制软件(Camtasia Studio)进行录制,快速捕捉视频中的重要部分,也可使用网络摄像头,方便而简便的录制方法。当教师需要在白板上作图以供学生理解时,教师可以使用数字笔做注释。这样学生可以清晰知道教师讲授的重点,尤其对于需要图来解释的数学原理时,学生更能容易理解。

教师制作教学视频时需注意以下几点。首先要保持教学视频短小,要根据学生注意力的特征而设定时间。其次,声音要有活力,生动,节奏流利,以吸引学生的注意力。第三,使用幽默的语言。

(2)教师指导学生观看教学视频的策略。指导学生观看教学视频是实施翻转课堂教学模式非常重要的第一步。一种教学模式要想收到理想的效果,做好第一步很关键。教学生观看教学视频就像教学生怎样阅读和使用教材一样重要。观看教学视频并不像观看娱乐电影或者电视展示节目一样,这些教学视频需要学生以一种像看非小说作品一样的方式认真观看。

教师在实施翻转课堂教学模式前,需要告知学生如何观看教学视频。首先,教师要鼓励学生消除影响或分散学生观看教学视频的东西,譬如学生在观看教学视频的过程中会把其他网页打开或者听音乐等影响学生认真观着教学视频的事情。因此,在实施翻转课堂教学模式之初,需要教师把学生集中进行观看教学模式的训练。告知学生遇到不懂的地方如何"停键""倒键",教师需要学生学会自己控制教学视频,并告知学生这些可以帮助学生看到教学视频的价值。更重要的是,让学生能真正掌控自己的学习。其次,教学生做笔记的技巧。做笔记的方法很多,乔纳森一直采用康奈尔式做笔记系统。他会给学生一个样板,让学生根据这个样板做笔记。学生不仅可以记下重点,还可以从教学视频学习的知识中找出问题,做出知识点的归纳总结。第三,要求学生根据教学视频找出自己感兴趣的问题。这不仅可以了解学生是否观看了教学视频,更能培养学生的问题意识。当学生在谈论交流环节提出自己感兴趣的或者自己想要更深入了解的问题的时候,生生之间、师生之间共同探讨,交流的时间和机会得到拓展,而这是传统课堂中很难实现的。

(3)教师课堂教学策略。翻转课堂教学模式最重要的不在于教学视频的制作,而在于教师在课堂中教学活动的组织。翻转课堂与传统课堂最大的不同在于:通过不同的教学活动让学生在活动中完成真实的任务,并完成知识的建构。传统课堂教师只关注把知识传授给学生,而不考虑学生的具体情况,把学生当成"容器"。在翻转课堂教学模式中,教师则要组织不同的教学活动。

在翻转课堂中,知识传授放在课外,课堂上,教师有更多的时间设计活动,教师可以根据自身所教授的科目、教学风格采用不同的课堂教学策略。譬如,对于外语的学习,教师可以根据本科目的特点设置更多的对话、阅读国外文学、写故事等活动,激发学生在课堂中更多实践操作外语的学习。教师除了要组织不同的教学活动,还要具备一定的课堂引导力。上课伊始,教师可以采用提问方式检查学生观看教学视频的情况。所提的问题必须是教师基于课程设计而精心挑选的,教师在此环节要适时引导。教师要营造一种宽松愉悦的氛围,鼓励学生说出自己对教学视频的疑问。

翻转课堂是以学生为主体的课堂,教师成为真正的引导着,如何让学生顺着自己"导"的方向是一门必修的学问。因此,教师必须具备稳固的知识储备和一定的课堂管理能力,使课堂时间得到高效的利用,让学生得到真正的知识。

3. 教学相辅策略

时代的发展对学生的自主意识、合作意识和探究意识提出了更高的要求。学校要重视和培训学生的自主性、合作性、探究性。翻转课堂教学模式以学生的自主学习为基础,以合作交流为纽带,以探究性学习为学生发展的动力。它关注学生主体性意识的培养,学生的自主性学习成为学习的关键,让学生成为自己学习的主人。同时,实施翻转课堂教学模式要靠教师、学生之间的合作交流和群体活动得以实现。

翻转课堂教学模式强调学生的自主性学习,让学生"掌控"自己的学习。无论课前教学视频的观看,还是课堂上学生独立完成作业等都需要学生自己学习。因此,翻转课堂教学模式为学生提供了一种比较理想的个性化学习环境。但是翻转课堂教学模式以学生的自主性学习为基础,并不意味着可以对学生放任自流,并不排除教师的指导。

虽然可以使用其他教师录制的优秀教学资源,但是教师对自己学生的具体学习情况有清楚的了解,可以针对学生的情况决定录制的内容,讲解的详细程度等,再者学生更愿意观看自己教师录制的教学资源。在课堂教学环节,教师对学生的引导和在学生遇到问题时给予的帮助和指导对于翻转课堂教学模式的实施都尤为关键。翻转课堂教学模式的关键就在于教师教学活动的设计。在教学评价环节,教师需要了解学生的知识掌握情况,给予及时的反馈,使学生明确自己的学习情况。

学生达到能够自己掌控学习的构成需要教师的引导,学生的合作学习和探究学习都离不开教师的引导。学生在小组合作学习活动中,教师要为学生创造一种让学生真切感受到他们是一个团体的氛围,彼此相互依赖。同时在学生交流中,需要教师创造环境让学生彼此交流思想与观点。因此,这些合作活动的开展都是建立在学生教师发挥主导作用的基础之上的。

在翻转课堂里,教师在学生小组活动环节走入学生群体中,了解学生的学习需要,倾听学生的讨论进程。学生在小组合作中遇到瓶颈时,教师给予及时的帮助和指导,给予学生思维维度的调控,让学生冲出思维的限制,达到更高的理解水平。学生独立完成作业环节需要教师走进学生中,了解学生遇到的问题,给予个别的辅导。当学生有普遍都存在的问题时,教师要在全体学生中予以详细的讲解。

(三)翻转课堂教学模式的质量评价

1. 教学评价的作用

教学评价是依据一定的教学目标对教学效果做出价值判断的过程。可通过教学评价反馈的信息调控教学活动,激励学生的学习和教师的教学,帮助教师改进教学。

(1)保证学生知识的掌握。传统的评价是为了给学生划分等级,最主要的目的不是为了学生的发展。翻转课堂教学模式的评价建立在帮助学生实现发展的基础上,因此,翻转课堂教学模式的评价可以保证学生知识的掌握。看教学评价的好坏在于是否实现了学生的发展,翻转课堂教学模式的教学评价帮助学生明确自己实际知识水平。翻转课堂教学模式的评价目的是基于学生的发展,测试学生实际掌握知识的程度。当学生没有达到要求时,可以拥有多次机会,让其最终掌握知识。对于已达到掌握要求的学生,剩余的评级部分基于学生本身的实际情况自我确定。

(2)保证学生公平地位的实现。学生是平等的个体,然而传统的课堂教学,学生被一纸测试结果划分等级。在现今的学校文化里,学生群体之间更是以成绩来划分。课堂中,展示与发言的机会掌握在少数学生的手中。结果导致"差生"更差,"差生"学习的自信心受挫,严重影响了学生心理的健康发展。教师只根据学生的考试成绩评定等级,不利于学生的全面发展。

翻转课堂教学模式的最大优势在于:所有学生拥有平等的学习机会,学生在教室里可以得到教师个性化的指导与帮助。教师的目光不再只停留在少数尖子生的身上,可以更多地照顾到有更多学习问题的学生。学生达到既定的水平就可以得到75%的学业等级,剩下的25%是基于学生自身的实际情况。接受程度慢的学生可以拥有多次机会来获得这个结果,这在一定程度上保证了学生机会的平等性。翻转课堂教学模式设计的出发点就是本着照顾学生的原则。

2. 评价体系解决的关键问题

(1)如何知道学生是否掌握了课程内容。传统课堂教学是课堂讲授知识、课下学生完成作业。学生对知识掌握的程度反应在学生完成作业的情况上。教师批改学生作业,没有条件对每个学生的作业情况予以指导,教学进程的安排并不能一味用来讲解学生所做的练习。学生疑难点没有得到及时的澄清,会影响到下一个知识点的学习与理解。再者对于学生是否真正掌握知识,掌握到什么程度,教师无法通过练习掌握和了解,因此无法对症下药。翻转课堂教学模式的评价,首先要解决如何知道学生实际掌握知识的情况,只有了解到学生实际的知识掌握情况,才能为学生创造各种条件,帮助他们找到问题的症结所在。

（2）当学生没有掌握学习内容时如何做。了解了学生知识掌握的不同情况后，教师必须采用不同的方法。对于已经掌握本单元或本节课知识学习的同学，教师可以给他们布置任务让他们继续学习。对于知识掌握还存在欠缺或者对知识的掌握没有达到规定的水平时，教师需要为学生提供个性化的指导。这种指导可以是让学生重新观看教学视频，也可以给学生提供其他学习资源，直到学生对知识的掌握达到既定的标准。

3. 翻转课堂教学模式的评价体系

对于翻转课堂教学模式，最大的一个挑战在于建立合适的评价体系。这种评价体系在客观上能以对学生和教师都有意义的方式评价学生的理解水平。它以"保证所有学生都能学好"为指导思想，在集体教学模式下，辅之以个别化指导，从而保证大多数学生能够达到课程目标所规定的掌握标准。翻转课堂教学模式下的评价体系采用现代技术为学生提供有价值的反馈信息，帮助教师实施翻转课堂教学模式，并使这种模式的实施成为可能。这种模式融合了形成性评价、总结性评价和基于标准的分类系统评价的作用。

（1）理解度测评。利用形成性评价测试学生对知识的理解程度。形成性评价是教学活动中根据把握到的中间成果来修订教学计划，进行必要的补充和指导或者根据每位学生的实际情况来安排学习内容的评价活动。这与在教学活动结束时，从整体上对教学成果进行综合检讨的总括评价是有明显区别的[20]。形成性评价是为了及时掌握学生的学习成绩、学习态度、情感等因素的评价，以此激励学生的学习，帮助学生监控自己的学习过程。

在翻转课堂教学模式下，形成性评价的主体在学生。教师告知学生本阶段的学习目标，并给学生提供完成学习目标必备的学习资源，并要求学生给教师提供自己已经学习过这些学习资源的证据。若不能提供证据证明自己正在向学习目标行进，教师必须快速了解学生的知识理解水平并当场根据学生的具体情况制定补救计划，使学生"倒车"，学习他们未掌握的内容。教师可以根据学生具体的情况提供不同的补救性措施，例如，教师可以让学生重新观看教学视频以此再次了解本节课要知道的内容，或者给学生教材资源让学生查阅相关资料等。

在乔纳森实施的翻转课堂教学模式里，他把掌握学生实际学习情况比喻成"GPS"，既有追踪定位的作用，又有导航的作用。同样，在此阶段教师的作用就是及时了解学生的知识掌握水平,并给予及时的指导,帮助学生走上正确的"轨道"。真正有效的教学不是仅仅看学生是否已安全到达,而是看学生达到了哪个水平。

在教师与学生接触中,主要以对话的形式交流。具有教学经验的教师确信自己的学生理解教学目标,教师的任务就是提供教学刺激,推动学生达到更深入的学习。要很好地了解学生实际的知识掌握水平,乔纳森提出了提问策略在形成性评价阶段中的应用。对于如何提升这种能力,乔纳森认为这是建立在教师个人素养之上的。他和同伴亚伦的建议是:多与学生沟通交流,理解学生,学生是潜在的、发展中的个体;学习学生的思维方式;帮助他们学习怎么样高效地学习,中国有句古话叫"授人以鱼不如授人以渔",讲的就是这个道理。教师了解自己的学生对教学目标的理解达到了什么程度。教师提问的难易程度要基于学生的理解水平。学生对知识的理解程度在不同的水平,教学的主要目标是实现学生的成长。

(2)内化度测评。利用总结性评价测试学生对知识的掌握程度。在翻转课堂教学模式下,形成性评价在学生对知识内容和学习材料理解上尤为关键,它在学生知识架构的形成中扮演着重要的角色。然而,翻转课堂教学模式同样需要总结性评价,学生可以陈述教师对学习目标的掌握度。在翻转课堂教学模式下,林地公园高中开创了一种独特的总结性评价模式。

在美国,目前很多学校采用分数制、百分比制、A-F等级制评价学生的学业水平。虽然美国教育界认为这种评价方式并不能完全体现出学生的学业水平,但是仍然要实行这种相对来说比较理想的评价方式。翻转课堂教学模式中的教学评价是在家长、学生和政府人员满意的 A-F 评价环境下,学生为了证明自己对知识的掌握水平在每个总结性评价中必须要达到至少75%的比率。这个比例并不是随意制定的。翻转课堂教学模式的实践者们在实践中根据基本学习目标,创建了这种测试方式,以至于掌握关键学习目标的学生将会达到75%,测定中剩下的25%的学生的水平能够通过"很高兴知道"目标。这部分知识的掌握也是课堂中的一部分,但这部分在接下来持续的成功学习中也许不是作为必要的部分来学习的。没有达到75%或者更高比率分数的学生必须再次接受测试,直至达到75%的掌握水平为止。学生在某一方面存在困难时,教师要给予及时的帮助,为他们提供补救的办法,给予学生达到目标的支持。当然,如果已经达到75%掌握水平的学生要想达到更高水平,也可以再次测试,这些都基于学生自己的决定。翻转课堂要教会学生对自己的学习负责。当然并不是所有的实施翻转课堂教学模式的学校都采用一种总结性评价的模式,具有不同历史和文化背景的学校采用不同的总结性评价方式。

乔纳森·伯格曼和亚伦·萨姆斯根据翻转课堂教学模式多年的实践总结出在总结性评价环节应该注意的相关问题。测试阶段最重要的问题就是测试的完整性问题。翻转课堂教学模式所进行的总结性评价是在一个无监督的环境中进行的,会出现学生作弊等现象。两位老师做出调整,把测试尽量安排在课堂中进行。在教室里设置六七台电脑。每次测试都有进入系统的密码,当学生输入自己的密码便可进入测试系统。两位教师在实施中采用 Moodle 平台,它是一个开源课程管理系统(CMS),也被称为学习管理系统(LMS)或虚拟学习环境(VLE)。它已成为深受世界各地教育工作者喜爱的一种为学生建立网上动态网站的工具。为了正常运行 Moodle,它需要安装在 Web 服务器上,无论是在自己的电脑或网络托管公司[21],它实现了对学生所做的测试直接进行评分,把教师从大量、烦琐的评卷中解放出来。

(3)完成度测评。基于标准的评分系统对学生的学业水平分级。在学校,学生仍然需要学分以此证明完成此课程的学习,因此,教师必须对学生的学业水平分级。如何使翻转课堂教学模式的评价,在此种评价体系下实现方式改变对于学生学习能力的培养至关重要。林地公园高中的两位教师提出一种混合式的评价体系:部分采用基于目标评分 + 采用传统的 A – F 评分。两位教师提出在成绩进入学生成绩册之前,总结性评价在学生的评分中占 50%,学生必须在每次总结性评价中达到 75%,剩下 50% 的分数是学生基于自身的实际情况进行提升的形成性评价的部分。

翻转课堂完美地与基于标准的评分(Standards – Based Grading 简称为 SBG)系统相契合。来自于美国科罗拉多州威斯敏斯特区(Westminster Colorado)的阿达姆斯(Adams)的 50 个学区系统采用了本区制定的更宽的等级评分系统。在他们的课堂中,学生的成绩可以在不同的等级。每个学校都有着自己本身的评分系统,实施翻转课堂教学模式的学校并不是要完全摈弃其之前的评分系统,而是让其在一定范围内创新,使原有的评分系统很好地与异步的视频教学这种教学模式相配合,更好地实现学生的终身发展。

三、翻转课堂教学模式优缺点分析

(一)翻转课堂教学模式的优点

翻转课堂教学模式改变了教学方式,教师在课堂上不再站在学生前面不休止地讲解 30~40 分钟。这种激进的改变让人们以不同的角色定位教师与学生之间的关系。翻转课堂教学模式有三方面的优点。

1. 教师方面

(1)增加师生交流,让教师更好地了解学生。随着网络技术的发展,网络教育有了快速的发展。在网络教育快速发展下,有些人提出了学校"消亡论"。然而这种论断忽视了教师与学生之间的交流对学生成长的意义。

(2)提供互学窗口,有利于教师的职业发展。通过观看其他教师制作的微视频知道自己的同事如何教授一个概念,为各自的教学提供一个被了解与改进的窗口。有网络提供的开放性窗口让"拜访"每个教师的课堂成为可能。

(3)教师走下讲台,改变了教师的课堂角色。在传统课堂里,教师是讲台上的"圣人"。在翻转课堂教学模式下,教师走下讲台,更多时间用在帮助学生、指导小组解决问题、与理解有困难的学生一道解决问题。此时,教师是一个"教练",引领着学生行进在学习的路上。教师有更多机会鼓励学生,告知他们哪些是正确的,并澄清学生的迷惑。

2. 学生方面

(1)翻转课堂道出了学生的心声。现今的社会,网络时刻伴随着学生的成长,微博、QQ 以及其他的数字资源。有些学校禁止学生带电子设备进入课堂,或要求把自己的电子设备关闭。然而学生还是会把手机、ipad 等偷偷带进教室。在信息化时代,学校应该顺应时代的潮流,接受数字文化,包容数字化学习,让它们为学生的学习服务。在翻转课堂里,学生被鼓励带自己的电子设备,一起合作学习,与老师进行互动。这样的课堂更具有活力。

(2)教会学生对自己的学习负责。在翻转课堂教学模式下,学习的责任放在了学生的身上。为了成功,学生必须对自己的学习承担起责任。学习不再是对自己自由的一种负担,而是不被束缚和不断探索的挑战。教师放弃对学生学习过程的控制权,学生掌控自己的学习。与此同时教会学生学习的价值,而不是进入学校学习仅仅只是拿到老师的评分。翻转课堂促使学生去学习而不是去记忆,让学生成为真正的学习者。

（3）翻转课堂能有效帮助学生掌握学习进度。在翻转课堂式教学模式下，繁忙的学生不用担心自己因为要去参加学校的竞赛等活动而落下自己的课程学习。因为主要的课程已经在线传到网络上。"学困生"是让老师、学校很头疼的事情。在课堂上，能够引起老师极大关注的往往是那些学习成绩优异或者性格开朗的学生。对于那些在课堂上保持沉默的学生，老师关注度自然比较低。在传统的课堂教学中，老师无论是对学习能力强的还是对学习有困难的学生都是以统一的步调讲解知识。对于学习存在困难的学生，还没有理解清楚这个知识点，老师已经讲到下一个知识点，疑惑越积越多，这些学生的积极性和自信心越来越受挫，导致他们不再想学习，"学困生"由此产生。翻转课堂可以为学生提供弥补的机会。

（4）学生可以自定学习步调。在传统的课堂里，老师授课，学生在课堂里只是作为"静听者"。作为教育者，教师有特定的课程需要呈现在课堂上。学生被期望以一种给定的框架学习知识体系，老师很希望大部分学生能够理解课堂上所呈现的知识。然而，即使是最好的演讲者或者呈现者，仍然有落后或者不理解那些必须要理解的内容的学生。当翻转课堂时，老师给予学生远程控制的权力。学生可以根据自己的理解程度适时按下"暂停键"，从而保证学生可以根据自己的实际情况自定步调进行自我学习。

（5）学生有机会向其他老师学习。学生大部分偏爱自己老师录制的教学视频，但是一些学生会发现看其他老师的教学视频后，自己会从另一个角度来理解相关的问题。每个教师有不同的思维方式，对知识解读的方式也不一样，学生或许在观看其他教师的视频中会获得意想不到的收获。

（6）增加与老师个性化的接触时间。在传统课堂里，学生与老师的接触仅局限于课堂中少有的互动环节。在翻转课堂里，学生在自由讨论环节，教师在教室里巡视，可以针对学生的具体疑问进行解答。这样的课堂增加了学生与教师之间的互动时间和交流，教师对学生的学习情况将有进一步的了解。

3. 课堂教学方面

（1）课堂时间被高效、创造性地利用。在传统课堂里，课堂大部分时间被教师用来讲授，真正用来与学生交流的时间仅仅限于课堂的有限时间中。在翻转课堂教学模式下，教师用更多的时间教学和促进学生学习，而不是站在讲台上说教。学生在交流中学、在做中学。教师可以利用课堂时间与学生进行有意义的交流，观察、引导和帮助学生。

（2）翻转课堂教学模式让课堂动手操作活动更深入。动手操作活动帮助学生以另一种方式学习。这在理实一体课程中尤为明显。学生在想关课程里不能仅仅学习理论性知识，他们还必须通过实验实训完成深度的学习。当学生进行实验操作的时候，他们正是在实验过程中、在体验中建构科学理论知识。

因此，无论从学生、教师还是课堂教学方面，翻转课堂教学模式在一定程度上克服了传统教学模式的弊端，有利于实现学生真正的发展。

（二）翻转课堂教学模式的不足

1. 教学视频方面

教学视频的质量也许不佳。一些教师在面对面的教学中也许很出色，但在制作高质量的教学视频方面存在欠缺。课堂教学中，教师面对真实的学生，他的讲授有真实的群体存在。但录制教学视频时，现场并没有学生群体的存在。教师只是根据课程的安排，独自在录制教学视频的设备旁边。各种因素，诸如周围环境、设备和教师自身的状态等因素，都会影响教学视频录制的质量和水平。教学视频质量录制的水平直接影响学生课前知识学习的水平，进而影响学生课堂活动的参与和知识的内化。在翻转课堂教学模式中，教学视频是知识传递主要的依托，教学视频质量的好坏直接关系到学生学习质量的高低。

2. 学生学习方面

（1）在翻转课堂教学模式中，知识是通过教学视频传递的，学生可以用一切移动终端完成教学视频的学习。然而在一些情况下，对于学生来说观看教学视频来学习并不是最好的。譬如，学生在看教学视频的同时，也会观看音乐会或者足球赛。这不利于学生课下的自主学习。虽然在面对面的课堂教学中也有很多干扰，但至少教师可以通过形成性评估进行监控。

（2）学生在观看教学视频的过程中，会出现一些不可控因素。课前学生也许不会观看和理解教学视频的内容，如果学生课前没有完成知识的学习，将不利于课堂内的教学活动。因此，在课堂内学生处于准备不充分的状态中，这对于课堂内很多活动的开展有很大的影响。

（3）如果学生独自观看教学视频资料，可能不能向教师或者同学提出问题。因此，除非学生在观看教学视频时，教师能够随时在现场，否则那些重要的能帮助学生理解材料的问题将无法在课堂上提出,然而这又是很难实现的。

参考文献

[1]张斌贤,丛立新.高屋建瓴——当代教育新观念[M].北京:中国铁道出版社,1987:180.

[2]B.S.布卢姆.教育评价[M].邱渊等译.上海:华东师范大学出版社,1987:71.

[3]B.S.布卢姆.教育评价[M].邱渊等译.上海:华东师范大学出版社,1987:90.

[4]B.S.布卢姆.教育评价[M].邱渊等译.上海:华东师范大学出版社,1987:90.

[5]B.S.布卢姆.教育评价[M].邱渊等译.上海:华东师范大学出版社,1987:91.

[6]B.S.布卢姆.教育评价[M].邱渊等译.上海:华东师范大学出版社,1987:100.

[7]张桃梅.布卢姆"掌握学习"理论述评[J].西北师大学报,1990(2):73-76.

[8]张瑶.学习风格研究综述[J],重庆职业技术学院学报,2007(1):31-33.

[9]张瑶.学习风格研究综述[J],重庆职业技术学院学报,2007(1):31-33.

[10]滕威."学习金字塔理论"在高中英语词汇教学中的应用[J].科教纵横,2012(6):272.

[11]莱斯利.P.斯特弗,杰里.盖尔.教育中的建构主义[M].高文等译.上海:华东师范人学出版社,2002:12.

[12]杨东平.教育:我们有话要说[M].北京:中国社会科学出版社,1999:154.

[13]张传隧,赵同森.解读人本主义思想[M].广州:广东教育出版社,2006:125.

[14]艾四林.哈贝马斯交往理论评析[J].清华大学学报,1995(3):11-18.

[15]袁振国.当代教育学[M].北京:教育科学出版社,2004:191.

[16]李晓文,王莹.教学策略[M].北京:高等教育出版社,2000:6.

[17]朱家存.基础教育新课程的理论与实践[M].合肥:安徽教育出版社,2006:68.

[18]郭景,等.课堂教学模式与教学策略[M].上海:学林出版社,2009:164.

[19]王坦.论合作学习的基本理念[J].教育研究,2002(2):68-72.

[20]梶田睿一.教育评价[M].李守福译.长春:吉林教育出版社,1988:14.

[21]吴军,吕开兵.用 Moodle 构建研究性学习平台[J].中小学信息技术教育,2004(7):62-63.

第五章 "现代棉纺技术"翻转课堂的设计与实践

一、信息化环境下翻转课堂教学设计

根据对翻转课堂的研究与分析,结合我国高职院校教育教学的基本要求和特点,构建出翻转课堂教学设计过程的一般模式,如图 5 - 1 所示。

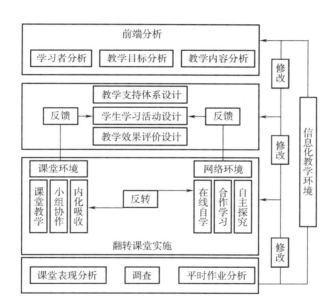

图 5 - 1 翻转课堂教学设计过程的一般模式

依据此模式,并结合"现代棉纺技术"课程开展实施,主要分为前端分析、学生服务设计、翻转课堂教学实施和归纳总结四个阶段。

二、前端分析

(一)学习者分析

学习者在教学活动中扮演着重要角色,他们既是学习的主体,也是教学活动的主体,其表现对翻转课堂教学能否顺利展开、能否达到预期效果有直接影响。

对学习者的初始能力分析是为了解对教学设计产生重要影响的学习者已有的初始能力、知识准备、身心成熟程度和学习动机等,为后续的教学系统设计步骤提供有力依据。

作为现代纺织技术专业一年级学生,其认知能力、智力水平相对较高,情感态度相对较成熟,他们也具有一定的语言沟通能力、书面表达能力和逻辑思维能力。他们从充满压力、略感枯燥的高中氛围转变到宽松自由的大学氛围,对周围的新鲜事物感到好奇,向往未知的世界,学习逐渐由外部动机推动转化为内部动机推动,对于周围客观事物的接受、加工、处理、分析能力也大大提高,不仅具有独立思考能力,还富有一定的独特性、创新性。学习者的自我评价能力也日趋理性和成熟,其学习的自主性、自控性、独立性均有增强。但部分学习者已经习惯中小学的传统课堂教学,对面对面的教师讲授具有较强的依赖性,自主学习能力、时间管理能力和自我完善能力较弱,动手能力和实践能力也相对较弱,不排除个别学生由于性格差异而不适应大学环境,对新型教学方式产生抵触心理等问题。

在学习本课程之前,学习者已具备一定的计算机知识,但由于学习者对计算机的兴趣、家庭环境、地区差异等客观条件的影响,学习者本人的动手能力、实践能力、学习途径、学习方法还存在一些差异,少部分学习者学习不够踏实、比较浮躁,存在眼高手低、实践能力薄弱等问题。

在课程开始阶段采用问卷调查对学习者学习现状(学习途径、学习态度、学习方法、学习满意度等)进行初步调查,共计发放问卷 160 份,回收问卷 160 份,回收率 100%,有效率为 100%,现对调查问卷相关问题进行分析。

1. 平时的学习途径(图 5 - 2)

调查结果分析:大多数学生平时的学习途径是课堂学习和寝室学习,只有少部分人选择通过网络学习,说明大多数学习者仍然习惯于传统的课堂讲授 + 课后作业的学习模式,很少关注在线学习方式。

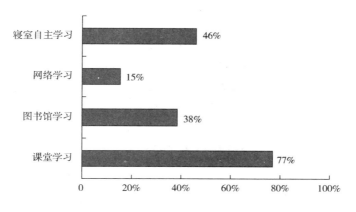

图 5 - 2 学生平时的学习途径

2. 学习过程中问题的解决方式(图 5 - 3)

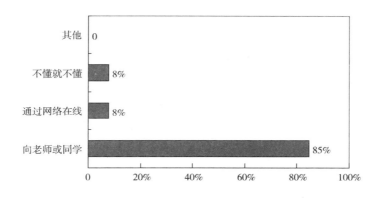

图 5 - 3 学生学习过程中问题的解决方式

调查结果分析:绝大部分同学在学习上遇到问题时会选择和指导老师或者同学交流,说明学习者注重师生、学生之间学术和情感方面的维持,但是从另一方面体现出学习者解决问题的途径单一,尤其是通过互联网解决困难的方式并没有引起足够重视,有可能是缺乏这方面的能力和素养。

3. 对自己学习现状的满意度(图 5 - 4)

调查结果分析:大多数学生认为自己的学习现状一般,主要有三方面的因素:自身缺乏学习动力,能够认识到自己的学习态度不够积极;缺乏合适的学习方法,学起来感觉力不从心;学习成绩一般,一直提不上去,不知道原因(图 5 - 5)。

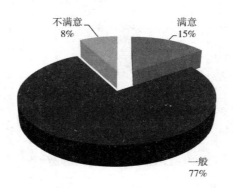

图 5 - 4　学生对学习的满意度

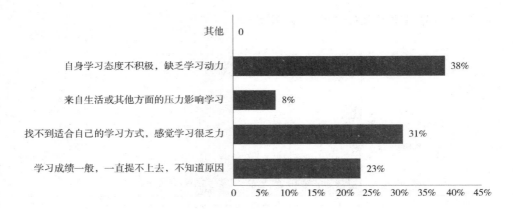

图 5 - 5　影响学生学习的因素

4. 对课堂讨论环节的看法（图 5 - 6）

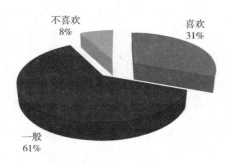

图 5 - 6　学生对课堂讨论环节的看法

调查结果分析:大部分学生对参加课堂讨论持一般的态度,很少有人不喜欢,并且大部分学习者认为自己课前对课上教师教授的知识并不是很了解,对于问题准备得也不充分,所以难免会感到茫然,也有部分同学碍于面子不愿主动参加(图5-7)。

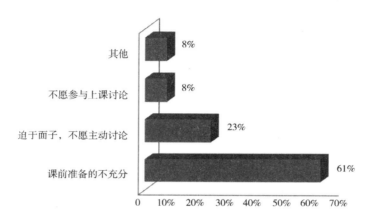

图5-7 影响学生课堂参与讨论的原因

5. 影响课程学习最关键的因素(图5-8)

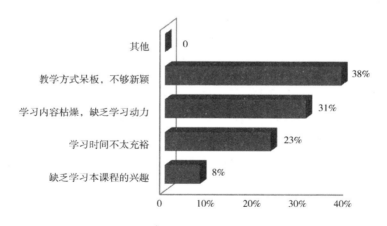

图5-8 影响课程学习最关键的因素

调查结果分析:学生认为影响自己学习课程最关键的因素有三方面,传统的课堂教学方式呆板,不够新颖,无法引起学生们的兴趣;学习内容枯燥,没有学习动力;学习时间不够充分,忙于其他事情。

(二)教学目标分析

对教学目标进行分析,有利于掌握学生学习课程后所具备的知识水平和实践能力,为教师后续教学指引方向。

1. 总目标

能够根据订单、工艺要求选择纺纱工艺流程,能够根据原料性能选择开松、分梳设备,能依据工艺设计更改各工序设备的技术参数,保证其准确性,并能根据半成品、成品质量状况,优化相应的工艺参数;能进行纱线生产,并能依据检测结果判断纱线质量的优劣;能应用纺纱新技术、新工艺、新方法,能对纺纱生产中出现的问题提出合理化建议和改进方案。

2. 能力目标

通过完成纯棉普梳环锭纱的生产、纯棉精梳环锭股线的生产、多组分功能环锭纱的生产、纯棉转杯纱的生产、化纤涡流纱的生产、纱线数字化生产的项目,根据订单、工艺要求选择纺纱工艺流程,根据设计人员提供的工艺表,对相应设备在规定工时内按照工艺调整规范进行工艺调整,根据设备操作规范进行设备的操作、纱线的生产,并初步判断纱线质量。

具体能力目标为:能根据排包图放置棉包;能识别各种典型纺纱设备型号;能绘制各种典型纺纱设备简图;能绘制各种典型纺纱设备传动图;能分析各种典型纺纱设备的机构作用;能根据订单、工艺要求选择纺纱工艺流程;能根据原料性能选择开松、分梳设备;能根据设计人员提供的工艺表,对相应设备在规定工时内按照工艺调整规范进行工艺调整;能确定工艺参数对半成品、成品质量的影响;能按照设备操作规范进行纺纱设备的操作;能参照5S进行纱线的生产;能依据设备说明书的维护要求,对各纺纱设备的常见故障合理分析判断处理;能初步判断所纺纱线的质量;能识读进口设备说明书。

3. 知识目标

通过"现代棉纺技术"课程的学习,了解棉包的唛头;理解纺纱基本原理;掌握纺纱各工序所用设备;了解典型纺纱设备的名称;掌握典型纺纱设备的机构组成及工艺流程;理解典型纺纱设备的机构作用;了解典型纺纱设备的传动图;理解纤维开松、分梳基本原理;理解纺纱牵伸基本原理;理解纺纱加捻基本原理;理解典型纺纱设备的工艺参数及其对半成品、成品质量的影响;掌握典型纺纱设备工艺参数的调整方法;理解 5S 相关知识;掌握纺纱设备的操作步骤、方法;了解纺纱设备常见故障的排除;掌握纺纱半成品、成品的质量评价指标;了解新型纺纱方法、原理及设备;了解新型纺纱设备的操作步骤、方法。

4. 素质目标

在整个课程学习过程中,逐渐形成并达到以下素质目标:在绘制机构简图、传动图过程中,培养学生的形象思维能力及仔细、认真的态度;工艺调整时,严格按照工艺表及工艺调整规范进行,培养学生严谨的工作态度及踏实的工作作风;在纱线生产中,提高学生与人合作、吃苦耐劳的能力;在纱线生产中,培养学生的经济成本、安全、环保、质量意识;在项目讨论和汇报过程中,培养学生语言表达和与人沟通交流的能力;在个人成绩评定和小组成绩评定过程中,培养学生良好的处事态度和豁达的性格;在整个项目完成过程中,培养学生综合运用知识和理论联系实际的能力;在学习小组协作完成项目的过程中,培养学生的团队合作意识和相互欣赏的品德;在处理设备故障的过程中,培养学生发现问题、分析问题、解决问题的能力;在新型纺纱的拓展学习中,培养学生独立获取新知识的能力。

(三)教学内容分析

教学内容分析是指导教师在开展教学实践活动前对人才需求、课程信息、知识重点与难点以及针对不同内容的特性制定合理的教学策略的前期准备活动。合理准确的分析对教师制定正确的教学计划有直接的影响。教学内容分析有利于翻转课堂教学的顺利进行,选择最优化的教学媒体和策略,将课堂教学和网络教学有机结合,促进学习者对学习内容的充分理解和掌握。为此,对"现代棉纺技术"课程进行了整体教学设计,并对每一单元进行了单元设计。

三、课程服务体系设计

(一)学生支持体系设计

学生支持体系设计是网络教学过程的关键环节之一。它的主要思想和运用多来源于远程教育,由于学习者面对的不是教师而是电脑、手机,当遇见学习方法方面的问题和困难时难免会产生烦躁、厌学的不良情绪,所以,设计学生支持体系是必不可少的。学生支持以学生学习的角度为关注点,通过记录学习者的学习过程,及时对其给予评价和反馈,它注重学习和实践能力的提升,注重学习方法和策略的改善,注重学习者信息素养的提高。学生支持体系的主要目的是协助学生、指引学生,使他们在学习上能有所收获,帮助学习者完成从自由学习——自觉学习,到自主学习的转变,把他们培养成具有创新性、自主性的学习者。

　　教学对象为大一新生,他们习惯于课堂面对面授课的教学形态,对突如其来的网络学习环境感到茫然,甚至有抵触情绪,当然也不排除有短暂的新奇感,因此,为了保障翻转课堂教学的顺利开展,给予有效的学生支持显得尤为必要和重要。对学习者提供的学习支持主要有以下几方面(图5-9)。

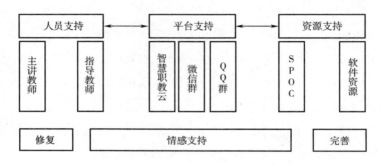

图5-9　学习者学习支持体系

1. 人员支持

　　人员支持主要由主讲教师、指导教师组成,为学习者的学习提供必要的服务和帮助。主讲教师通过面对面课堂教学对学习者遇到的问题进行交流、指导和解答,在网络教学中设计教学内容和课后作业,并与指导教师共同完成课前学习视频——微课的录制,制作课程SPOC,方便学生利用电脑、手机、PAD等工具登陆学习平台自主学习,并做好同步、异步网络交流和沟通,做到及时反馈。指导教师负责学生学习支持的实施,搜集与课程相关的网络支持资源进行网络资源、SPOC的建设,承担批改作业、课外答疑、提供学习活动建议和指导等工作,了解学生课下学习情况,及时做好教师和学生的有效沟通。

2. 平台支持

　　作为翻转课堂学习的重要支撑,信息化环境下的网络平台是必不可少的条件,课程教学选用"智慧职教云"平台、微信群、QQ群等,为顺利开展网络教学提供有效保障。"智慧职教云"平台主要提供课程的上传、发布、推送与管理,更好地满足教师的教和学生的学,以及师生间的教学互动,学生可以随时随地自由地通过手机客户端查阅教师发布的课程学习、课程任务信息,方便学生利用电脑、手机、PAD等工具登陆学习平台自主学习,教师也可以通过后台管理,及时有效地获得学生学习的进度、完成学习任务的情况、学习的时间段等信息,并能对学生反映的问题做出反馈与回复。微信群、QQ 群主要是指导教师用来了解学生遇到的基本问题,比如客户端的安装、学习任务的学习、视频播放软件安装等,并通过与个别学生的交流了解学习者在线学习情况,为以后的课后学习活动提供意见和建议(图 5 – 10、图 5 – 11)。

图 5 – 10　智慧职教云平台

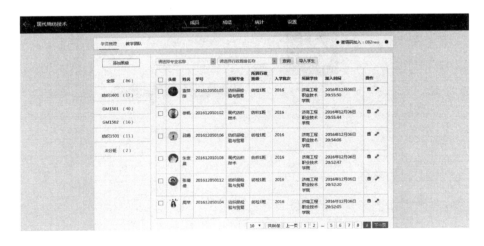

图 5 – 11　用户管理

3. 资源支持

为学习者提供的资源支持主要有 SPOC 和软件资源。SPOC(Small Private On-line Course 小规模限制性在线课程)是根据课程的教学设计按照学习任务录制、编辑的碎片化的教学资源,有利于学生利用业余的、较短的时间学习各个知识点,并可以反复多次收看,学习中的问题可以及时与教师沟通。软件资源包括学校为学生课程学习提供的指定教材、参考书目、教学参考视频以及其他期刊资料等(图 5 – 12 ~ 图 5 – 15)。

图 5 – 12　智慧职教云登录

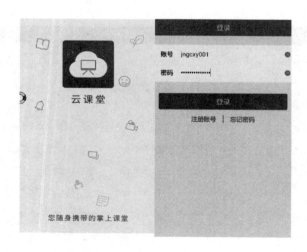

图 5 – 13　云课堂(移动客户端)登陆

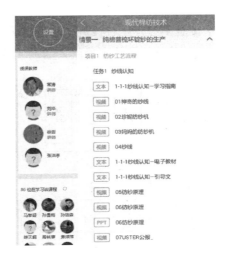

图 5 - 14 SPOC 课程资源

图 5 - 15 云课堂(移动客户端)SPOC 课程资源

4. 情感支持

学习者在学习过程中经常会遇到情感和心理等多方面的困扰,对学习者的学习产生不良影响,因此,情感支持在学校教育中显得尤为必要,情感支持应贯穿在整个教学过程中。课堂教学可以通过师生间的交流互动维持情感,教师的悉心指导可以给学生心灵上的慰藉和鼓励,也可以通过小组协作等加强学生之间的友谊,避免产生孤独感和失落感,从而激发学习者的学习动机,增强自信心,提高学习效率。指导教师可以通过群、电子邮件等方式,也可以和学生沟通,进一步了解学生的学习压力、负面情绪以及学习当中遇到的各种问题,及时将其反馈给主讲教师并制定有效改进措施。

学生支持的核心在于学习过程,而学习过程是一个动态的发展过程,学生支持是伴随教学过程出现的,是不可包装和储运的产品,不可能被预先设计的教学包取代。因此,在开展实践教学活动的过程中,应不断丰富和完善学生支持服务,以保障翻转课堂教学的顺利开展。

(二)教学效果评价设计

教学评价是依据教学目标对教学过程及结果进行价值判断,并为教学决策服务的活动,应遵循客观性、整体性、指导性、科学性、发展性等原则。传统评价更多倾向于总结性评价,与实际教学活动相分离,信息化环境下的翻转课堂学习有区别于传统学习并融合传统评价的优势,应从评价主体、评价手段、评价内容等多方面考虑,它更注重将评价融入活动实施的过程中(图 5 – 16)。

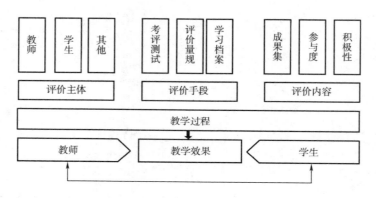

图 5 – 16　教学效果评价设计模式

1. 评价主体多元化

翻转课堂学习的评价主体应该是多元化的,其教学过程是由主讲教师、学生、指导教师等多个角色共同参与,因此通常应该有学生课堂表现自我评价、项目团队自我评价、组内成员互评、学习档案资料评价、课堂团队汇报评价、任务活动表现评价等不同评价形式,并且贯穿于整个教学过程中,全方位的评价可以使学习主体更清楚地认识自己并自我完善。

2. 评价手段多样化

评价具有激励功能,同时也有改进功能,学生的努力和进步也是不可泯灭的,因此应采用考试测验、量规、学习档案、参与讨论等多样化的评价手段,记录每位学生的成长和进步,注重学生的个体差异和身心健康。

3. 评价内容丰富化

传统评价方式单一,不能全面照顾学生的个性发展,不利于学生积极性、主动性、探索精神的培养。在翻转课堂学习中,采用丰富的评价内容、评价指标,包括学生教学活动中的成果作品集,小组协作中的参与性、积极性、互动性等内容(图 5 – 17 ~ 图 5 – 22)。

图 5 - 17 云课堂(客户端)
SPOC 课程签到

图 5 - 18 云课堂(客户端)
SPOC 课程作业、成果

图 5 - 19 云课堂(客户端)
SPOC 课程单元测验

图 5 - 20 云课堂(客户端)
SPOC 课程课堂讨论

图 5-21　云课堂(客户端)
SPOC 课程课堂提问

图 5-22　云课堂(客户端)
SPOC 课程课堂头脑风暴

四、翻转课堂教学模式在"现代棉纺技术"课程中的实施步骤

以"现代棉纺技术"课程项目一纯棉普梳环锭纱的生产中的第四个任务"梳棉工艺调整"的第三个子任务"梳棉工艺调整"为例来说明。

(一)课前准备阶段

1. 教师活动

(1)分析教学目标。翻转课堂需要制作教学视频,制作教学视频之前,需要分析教学目标。期望学生通过教学知道什么、获取什么。只有教学前确定清晰的教学目标,教学才有针对性,才能明确老师要采用的具体的教学方法。实施翻转课堂教学模式之前的教学目标分析,不仅有利于老师分析什么内容适合通过视频方式直接讲授给学生,什么内容适合课堂上通过师生的合作探究获得最佳的教学效果。这样可以避免教学中的盲目性和无目的性。"梳棉工艺调整"的教学目标有三方面。

98

①能力目标。

a. 能根据工艺表,在规定工时内按照工艺调整规范调整梳棉机的工艺参数。

b. 能确定工艺参数对生条质量的影响。

②知识目标。

a. 了解影响梳棉机工艺的因素。

b. 了解梳棉机各工艺参数对生条质量的影响。

③素质目标。

a. 工艺调整时,严格遵守工艺表及工艺调整规范,培养学生严谨的工作态度及踏实的工作作风。

b. 在项目讨论和汇报过程中,培养学生的语言表达能力和与人沟通交流的能力。

c. 在个人成绩评定和小组成绩评定等过程中,培养学生良好的处事态度和豁达的性格。

d. 在学习小组协作完成项目的过程中,培养学生的团队合作意识和相互欣赏的品德。

(2)制作调整梳棉工艺教学视频,如图5-23所示。

图5-23 教学视频的制作

(3)做好视频编辑。录制完教学视频以后,更重要的一步是视频后期制作。它可以让教师改正视频制作中的错误,避免重新制作(图5-24)。

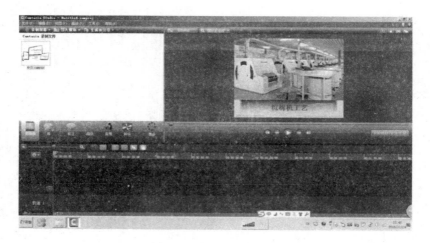

图 5 – 24　教学视频的编辑

（4）做好视频发布。不同的学校会根据本地区和本校学生的具体情况确定视频发布的地方。"现代棉纺技术"SPOC 的教学资源发布在智慧职教云平台，以项目、任务为分类，具体操作如下。

①在智慧职教云平台，把某个知识点需要学习的教学资源放置在相应的任务下（图 5 –25）。

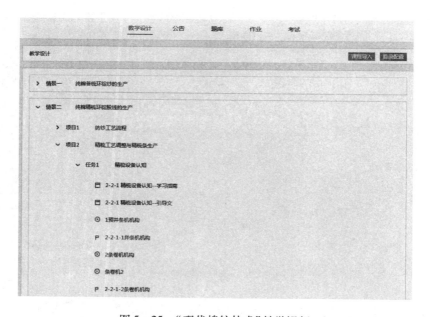

图 5 –25　"现代棉纺技术"教学视频

②发布任务。点击为设置，会出现"公开"（图5-26）。

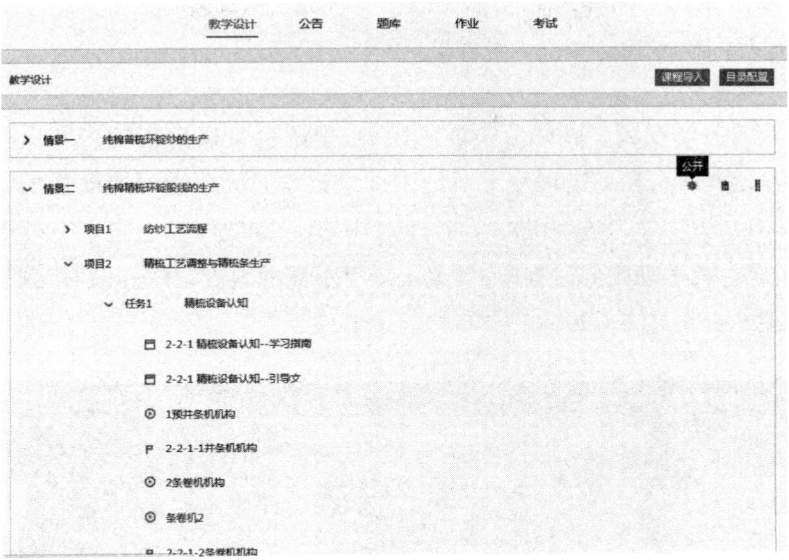

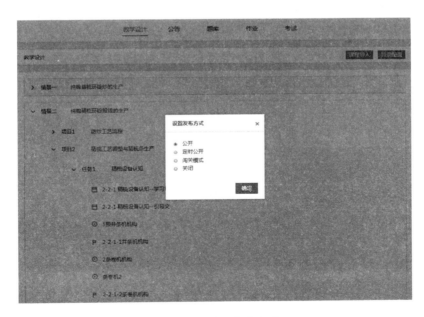

图5-26 教学视频的发布

设置发布方式可以根据任务情况设置为"公开""定时公开""闯关模式"（图5-27）。

图5-27 设置发布方式

指定班级学习者(已经注册的学生)在自己的客户端就会收到学习任务通知(为进一步强化学习的时效性,可以通过微信群、QQ 群同步发布学习任务),根据要求进行自学和交流。

2. 学生活动

(1)观看教学视频。教师分析教学内容,把适合直接讲授的内容用教学视频的形式传送给学生,在一定程度上节约了课堂教学时间。学习速度快的学生可以快速地学习知识。学习进度慢的学生,也不用担心传统课堂上跟不上教师节奏的问题。在观看教学视频的过程中,学生记录下不懂的地方,并把问题带到课堂上加以解决(图 5 – 28、图 5 – 29)。

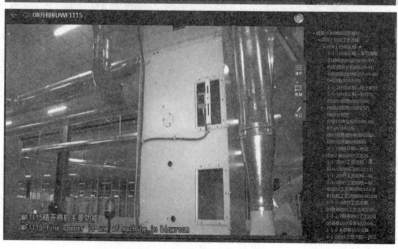

图 5 – 28　知识点的学习

图 5 - 29 学习过程中可以停顿、重播,并可以进行答疑、做笔记

(2)做适量练习。学生观看教学视频后需要完成教师布置的针对性课堂练习或测试。这些练习或测试是教师针对教学视频中所讲的知识,为了加强学生对学习内容的巩固并发现学生的疑难之处所设置的。根据"最近发展区理论",教师需要对课前练习的数量和难易程度做合理设计,让学生利用旧知识完成向新知识的过渡,巩固与深化视频中的知识。教师可以通过网络交流平台、微信群、QQ 群与学生互动,了解学生在观看教学视频和做练习过程中遇到的问题。同学之间也可以互动,交流彼此收获,互动解答。

单元测试是为让学生进行自我检测所学内容掌握情况而设计的,测试保存后就会出现分数,学生可以根据自己的测试情况,选择是否重新学习,以达到通过测试进行学习的目的(图 5 - 30、图 5 - 31)。

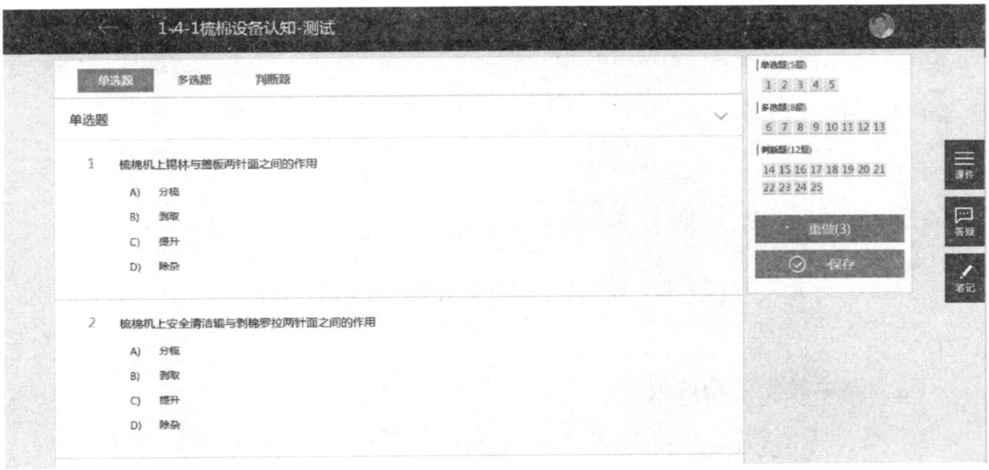

图 5 - 30 学生单元测试

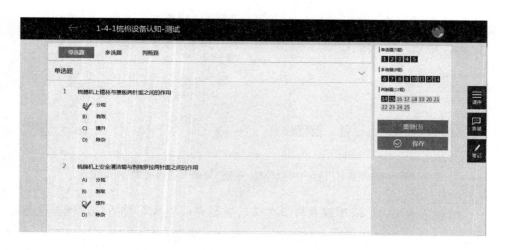

图 5 - 31　单元测试自我评估

在教师客户端,可以看到学生自我测试的情况,并进行分析,可以了解学生哪些知识点存在认识上的误区、哪些知识对学生来讲比较难理解、哪些问题是必须在课堂上共同解决的(图 5 - 32)。

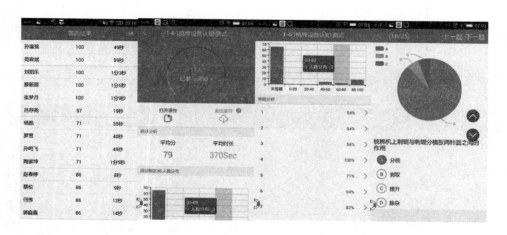

图 5 - 32　教师客户端对学生单元测试进行分析

(二)课中教学活动阶段

在"梳棉工艺调整"的翻转课堂上,首先根据课程内容,确定问题,交流解疑。

学生在观看教学视频的过程中,由于本身的知识结构不一样,因此对课程的理解也会不同,在开始阶段的交流中,老师需要对学生观看视频的情况和网络交流平台所反映出的问题进行解疑。学生也可以提出自己观看教学视频存在的疑惑点，与教师和同学共同探讨(图5-33、图5-34)。

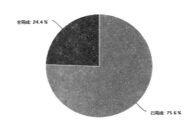

图5-33 整个课程资源的学习情况统计

图5-34 对一个学习任务的跟踪、学生提问、老师答疑

其次,学生应该独立探索,完成作业。"梳棉工艺调整"翻转课堂为学生提供了个性化的学习环境,学生在课堂中独立完成教师布置的作业,独立进行科学实验。学生在独立完成作业的过程中,审视自己理解知识的角度,建构知识的结构,完成知识的进一步学习。教师要在刚开始时给予学生一定的指导,帮助学生完成任务,待学生有一定独立解决问题能力的时候,要"放手",逐渐让学生在独立学习中构建自己的知识体系。

在"调整梳棉工艺"单元的学习中,教师给出出现质量问题的生条检测报告,学生思考、查找资料,给出解决质量问题的答案。

接下来学生应进行合作交流,深度内化。分成小组学习,教师给予指导(图5–35),出现问题,可以进行小组讨论(图5–36),并动手在梳棉机上进行实践操作(图5–37),老师可以在旁边进行指导(图5–38)。

图5–35 小组学习,教师指导　　　　图5–36 小组讨论

图5–37 学生以小组为单位,　　　　图5–38 教师指导学生如何做,
　　　　 在梳棉机上调整隔距　　　　　　　 做到什么程度

最后,学生要展示成果,交流分享。以小组为单位向老师汇报(图5-39)。在成果展示环节,教师不仅鼓励学生在课堂上进行展示,学生也可以在课下通过制作微视频的方式把自己的汇报上传至网络交流区,供教师和同学讨论和交流。对于翻转课堂教学的成败并不在于视频的制作,而是在课堂学习活动的设计。如何改变传统的教师主宰课堂的局面,让学生真正成为自己学习的主人,是翻转课堂教学模式给课堂教学带来的关键点。

图5-39 学生进行汇报

(三)"调整梳棉工艺"单元的课堂学习环节设计

"调整梳棉工艺"单元的课堂学习环节设计用以下PPT截图来展现(图5-40~图5-57)。

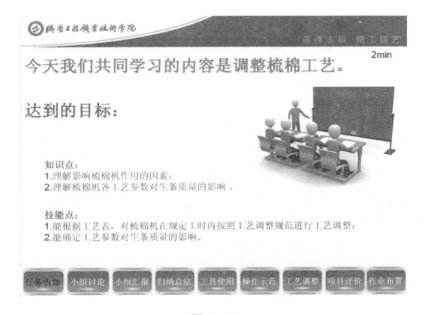

图5-40

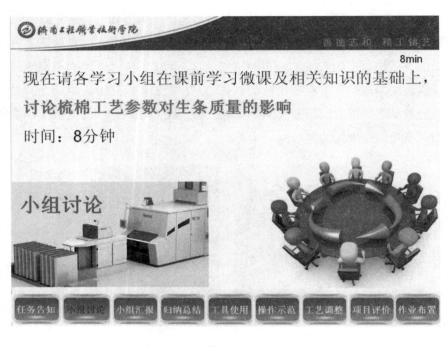

图 5 – 41

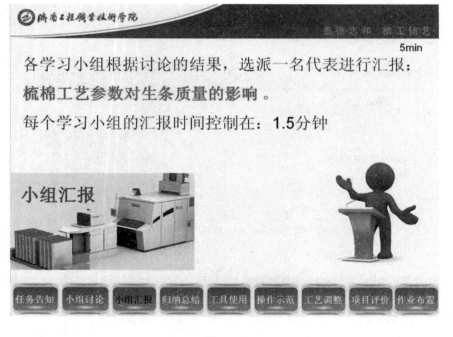

图 5 – 42

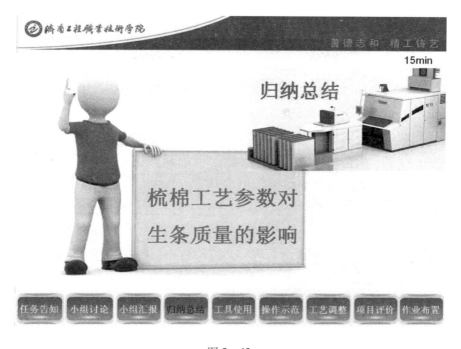

图 5 - 43

图 5 - 44

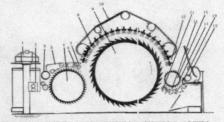

图 5 – 45

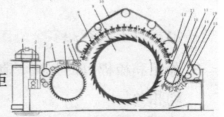

图 5 – 46

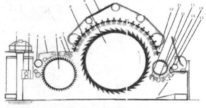

梳棉工艺（隔距）对产品质量影响

15min

- 除杂隔距：
  刺辊—除尘刀间的隔距
  刺辊—小漏底间的隔距
  前上罩板上口—锡林间的隔距

1-圈条器 2-大压辊 3-剥棉罗拉 4-道夫 5-清洁辊吸点 6-盖板花吸点 7-三角区吸点
8-前固定盖板 9-锡林 10-盖板 11-刺辊 12-后固定盖板 13-刺辊放气罩吸点 14-刺辊分梳板
15-给棉罗拉 16-棉卷罗拉 17-车肚花吸点 18-喂棉箱 19-给棉板 20-条筒 21-三角小漏底

- 刺辊与除尘刀、小漏底间隔距小，除杂较大。
- 锡林与前上罩板上口隔距大，盖板花多，除杂多。
- 产品质量好。

图 5-47

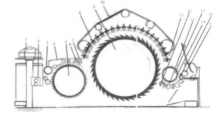

梳棉工艺（速度）对产品质量影响

15min

- **1.给棉罗拉**：转速快，给棉量多，产品质量差。
- **2.刺辊**：转速快，对纤维分梳次数多，产品质量好。
- **3.锡林**：转速快，对纤维分梳次数多，产品质量好。
- **4.盖板**：线速度快，盖板花量多，产品质量好。
- **5.道夫**：转速快，凝聚纤维量少，生条定量轻。

1-圈条器 2-大压辊 3-剥棉罗拉 4-道夫 5-清洁辊吸点 6-盖板花吸点
7-三角区吸点 8-前固定盖板 9-锡林 10-盖板 11-刺辊 12-后固定盖板
13-刺辊放气罩吸点 14-刺辊分梳板 15-给棉罗拉 16-棉卷罗拉 17-车肚
花吸点 18-喂棉箱 19-给棉板 20-条筒 21-三角小漏底

图 5-48

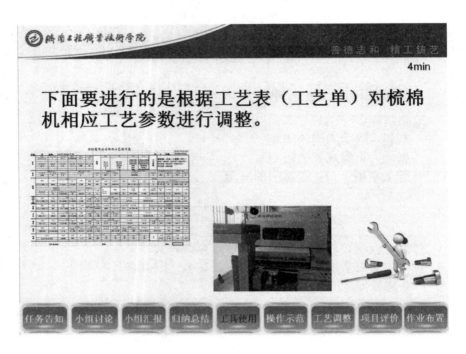

图 5 - 49

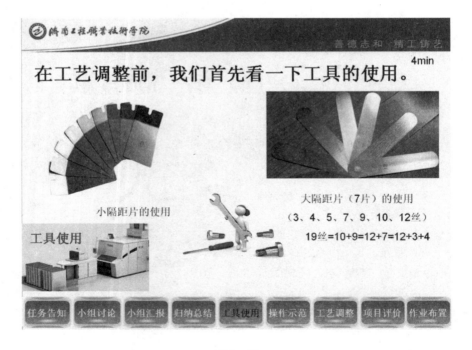

图 5 - 50

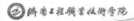

6min

现在我给大家示范一下锡林与刺辊间隔距的调整

要用到的工具：大隔距片、扳手

示范

调整示范

图 5 - 51

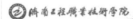

6min

现在我给大家示范一下锡林与盖板间隔距的调整

要用到的工具：

小隔距片、内六角螺丝刀、扳手

示范

调整示范

隔距调整到位判断依据：
增加1丝，隔距片插不进；
减少1丝，隔距片非常顺畅。

图 5 - 52

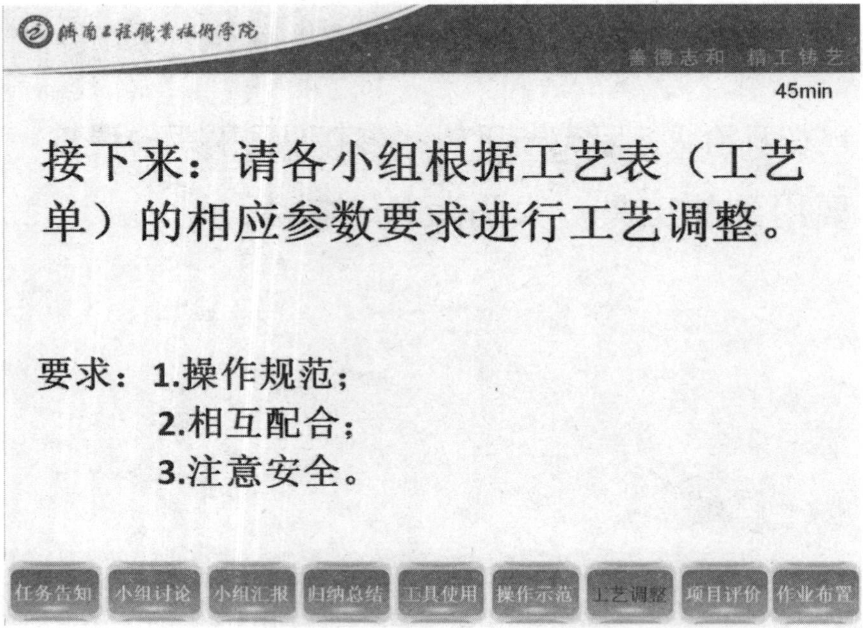

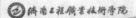

济南工程职业技术学院
善德志和 精工铸艺
45min
接下来：请各小组根据工艺表（工艺单）的相应参数要求进行工艺调整。
要求：1.操作规范；
2.相互配合；
3.注意安全。
任务告知
小组讨论
小组汇报
归纳总结
工具使用
操作示范
工艺调整
项目评价
作业布置

图 5－53

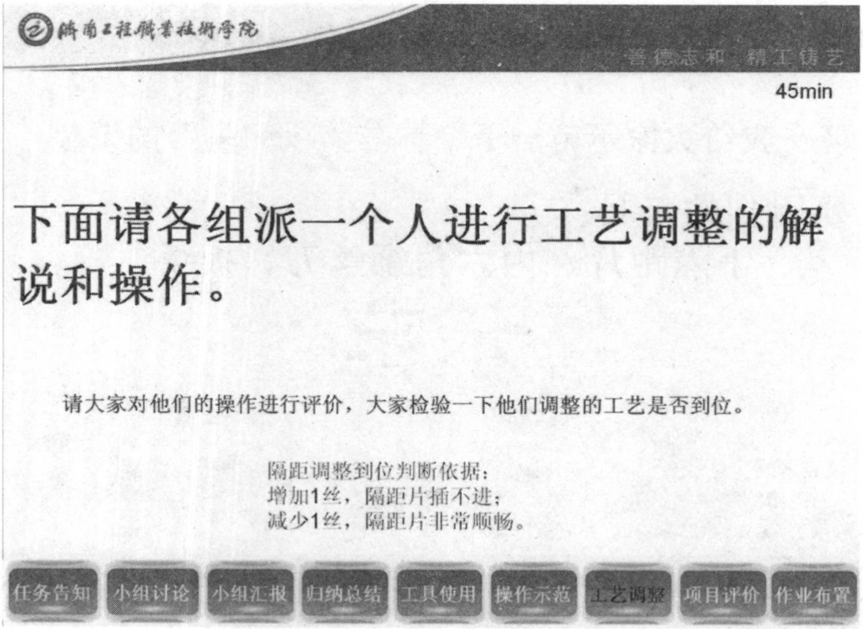

济南工程职业技术学院
善德志和 精工铸艺
45min
下面请各组派一个人进行工艺调整的解说和操作。
请大家对他们的操作进行评价，大家检验一下他们调整的工艺是否到位。
隔距调整到位判断依据：
增加1丝，隔距片插不进；
减少1丝，隔距片非常顺畅。
任务告知
小组讨论
小组汇报
归纳总结
工具使用
操作示范
工艺调整
项目评价
作业布置

图 5－54

3min

通过对刚才的解说、操作及大家在梳棉机上进行的相应工艺参数调整，发现了一些问题：

1.大家对工具的使用需要加强；
2.大家的安全意识需要进一步强化。

同时，也看到大家基本掌握了隔距、速度的调整的基本方法。

图 5 – 55

3min

接下来：请大家对本次的项目进行一个评价。

图 5 – 56

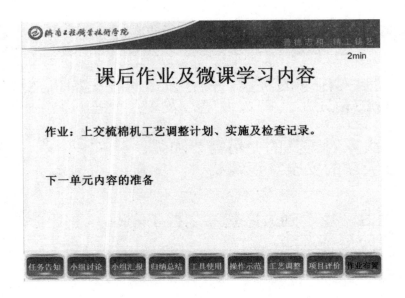

图 5 – 57

五、"现代棉纺技术"课程单元评价及综合评价

本课程教学评价采用项目考核法,即对完成项目的每个过程都适时地进行评价。评价方式有自评、互评、教师评价。期末理论考核采用闭卷方式。

$$课程成绩 = \frac{\sum_{N=1}^{3} 单项项目 N}{3} \times 80\% + 期末理论考试成绩 \times 20\%$$

单元评价表见表 5 – 1 ~ 表 5 – 8。

表 5 – 1　学生课堂表现自我评价表(学生用)——过程性评价

项目:　　　　学生姓名:　　　　学号:　　　　班级:　　　　得分:

	评价项目	评价意见				
学生课堂表现自我评价(10分)	1. 配合教师教学活动的表现,参与的积极性和主动性(3分)	优秀	良好	一般	有些差距	差距较大
	2. 自己对教学重点的了解和对教学难点的把握(3分)	优秀	良好	一般	有些差距	差距较大
	3. 对其他同学学习的关注,与同学合作学习的表现(4分)	优秀	良好	一般	有些差距	差距较大

学生课堂表现自我评价权重:优秀 1;良好 0.8;一般 0.6;有些差距 0.4;差距较大 0.2

表5-2 项目团队自我评价表(学生用)——过程性评价

项目: 学生姓名: 学号: 班级: 得分:

	评价项目	评价意见				
项目团队 自我评价 (10分)	1. 团队在讨论时是否讲求效率,分工是否合理(2分)	优秀	良好	一般	有些差距	差距较大
	2. 团队全体交流看法时,是否听取各方面的意见(2分)	优秀	良好	一般	有些差距	差距较大
	3. 团队决策时,是否意见一致(3分)	优秀	良好	一般	有些差距	差距较大
	4. 团队决策结果是否科学(3分)	优秀	良好	一般	有些差距	差距较大

项目团队自我评价权重:优秀1;良好0.8;一般0.6;有些差距0.4;差距较大0.2

表5-3 组内成员互评表(学生用)——过程性评价

项目: 学生姓名: 学号: 班级: 得分:

	评价项目	评价意见				
组内成员 互评(20分)	1. 能认真对待他人意见,共同制定决策(4分)	优秀	良好	一般	有些差距	差距较大
	2. 能融于集体之中,团队人际关系融洽(4分)	优秀	良好	一般	有些差距	差距较大
	3. 遇到问题时,商量解决,没有互相指责(6分)	优秀	良好	一般	有些差距	差距较大
	4. 能积极帮助其他成员完成任务(6分)	优秀	良好	一般	有些差距	差距较大

组内成员互评权重:优秀1;良好0.8;一般0.6;有些差距0.4;差距较大0.2

表5-4 学习档案资料评价表(教师用)——过程性评价

项目: 学生姓名: 学号: 班级: 得分:

	评价项目	评价意见				
学生档案 资料评价 (10分)	1. 是否有任务参考资料(2分)	优秀	良好	一般	有些差距	差距较大
	2. 是否制定了任务实施计划与步骤(2分)	优秀	良好	一般	有些差距	差距较大
	3. 任务实施过程材料是否齐全(2分)	优秀	良好	一般	有些差距	差距较大
	4. 任务研讨与评价记录是否详细(2分)	优秀	良好	一般	有些差距	差距较大
	5. 归档文件是否有条理性、整齐性、美观性(2分)	优秀	良好	一般	有些差距	差距较大

学生档案资料评价权重:优秀1;良好0.8;一般0.6;有些差距0.4;差距较大0.2

表5-5　课堂团队汇报评价表(教师用)——过程性评价

项目:　　　　　学生姓名:　　　　学号:　　　　班级:　　　　得分:

	评价项目	评价意见				
课堂团队汇报评价(15分)	1. 条理性。表述自然流畅,语言精练有条理(5分)	优秀	良好	一般	有些差距	差距较大
	2. 科学性。内容正确,有科学依据(5分)	优秀	良好	一般	有些差距	差距较大
	3. 展示性。PPT制作美观、整齐、有条理,效果好(5分)	优秀	良好	一般	有些差距	差距较大

课堂团队汇报评价权重:优秀1;良好0.8;一般0.6;有些差距0.4;差距较大0.2

表5-6　任务活动表现评价表(教师用)——过程性评价

项目:　　　　　学生姓名:　　　　学号:　　　　班级:　　　　得分:

		评价项目	评价意见				
任务活动表现评价(35分)	任务准备(5分)	1. 记录表格设计合理、及时、认真(2分)	优秀	良好	一般	有些差距	差距较大
		2. 着装符合要求(1分)	优秀	良好	一般	有些差距	差距较大
		3. 到实训室准时(2分)	优秀	良好	一般	有些差距	差距较大
	任务进行(20分)	1. 实训设备清洁(2分)	优秀	良好	一般	有些差距	差距较大
		2. 按规定处理实训垃圾(2分)	优秀	良好	一般	有些差距	差距较大
		3. 实训过程态度认真(3分)	优秀	良好	一般	有些差距	差距较大
		4. 实训严格按照操作规程(5分)	优秀	良好	一般	有些差距	差距较大
		5. 原始记录及时、规范、真实、无涂改(3分)	优秀	良好	一般	有些差距	差距较大
		6. 问题处理及时、合理、恰当(5分)	优秀	良好	一般	有些差距	差距较大
	任务结束(10分)	1. 及时把工具、材料归还到位(3分)	优秀	良好	一般	有些差距	差距较大
		2. 及时清理实训设备,保持整洁(2分)	优秀	良好	一般	有些差距	差距较大
		3. 展示内容完整、准确(5分)	优秀	良好	一般	有些差距	差距较大

任务活动表现评价权重:优秀1;良好0.8;一般0.6;有些差距0.4;差距较大0.2

表5-7 单个项目过程性评价汇总表(教师用)

学生姓名: 学号: 班级: 得分:

工作项目	评价项目		评价项目得分	汇总
项目名称	学生自评(20分)	1. 学生课堂表现自我评价(10分)		
		2. 项目团队自我评价(10分)		
	学生互评(20分)	组内成员互评(20分)		
	教师评价(60分)	1. 学生档案资料评价(10分)		
		2. 课堂团队汇报评价(15分)		
		3. 任务活动表现评价(35分)		
总计				

表5-8 课程评价汇总表(教师用)

学生姓名: 学号: 班级: 得分:

评价内容			评价项目得分	汇总
过程性评价(20%)	纯棉普梳环锭纱的生产	学生自评(20分)		
		学生互评(20分)		
		教师评价(60分)		
过程性评价(15%)	纯棉精梳环锭股线的生产	学生自评(20分)		
		学生互评(20分)		
		教师评价(60分)		
过程性评价(15%)	多组分功能环锭纱的生产	学生自评(20分)		
		学生互评(20分)		
		教师评价(60分)		
过程性评价(10%)	纯棉转杯纱的生产	学生自评(20分)		
		学生互评(20分)		
		教师评价(60分)		
过程性评价(10%)	化纤涡流纱的生产	学生自评(20分)		
		学生互评(20分)		
		教师评价(60分)		
过程性评价(10%)	纱线数字化生产	学生自评(20分)		
		学生互评(20分)		
		教师评价(60分)		
期末评价(20%)	理论考试			
总计				

六、翻转课堂学习满意度调查

课程结束后,通过观察学生上课情况以及与学生的交流,初步了解到大多数学生对本学期开展的"现代棉纺技术"翻转课堂教学持认可的态度,但是仍有少数学生深受"填鸭式教学"方式的影响,习惯于老师课堂讲授的学习方式,不能及时的转变思想,需要时间适应信息化环境下的翻转课堂学习方式,因此,需要主讲教师和指导教师的参与、配合与指导。采用期末问卷调查形式,进一步了解学生对翻转课堂教学的满意程度,以及翻转课堂教学对学习者能力的转变和提升程度。

1. 对本课程开展的翻转课堂教学满意度

根据调查结果分析,85%的学生对翻转课堂教学表示满意,15%的学生认为一般,没有学生不满意翻转课堂这种教学方式。总体而言,学生对本课程翻转课堂教学持支持态度(图5-58)。

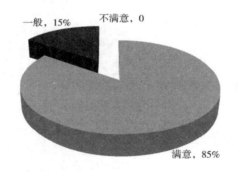

图5-58 学生对翻转课堂学习的满意度

2. 本课程开展翻转课堂教学的收获

调查结果如图5-59所示。说明学生通过翻转课堂教学,最多的是全新教学模式、教学方法的收获,并且认为增强了自己的学习能力和学习意识。

3. 希望"云课堂"学习平台提供更多的便利

调查结果如图5-60所示。说明大多数学生缺乏的是合适的学习方法,并希望教师能够将更多的视频资源等上传至云课堂。

4. 通过平台查看、提交作业方式的喜欢度

调查结果显示,85%的学生喜欢这种方式,主要是因为方便快捷,15%的学生不喜欢,因为习惯传统的学习方式和平台经常遇见无法提交等问题(图5-61)。

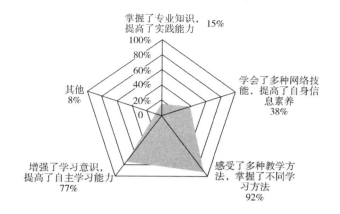

图 5 – 59 学生通过翻转课堂学习的收获

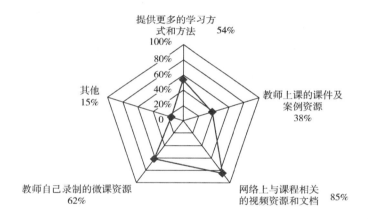

图 5 – 60 学生更希望通过"云课堂"学习平台提供的便利

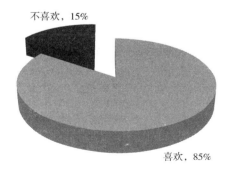

图 5 – 61 学生对云课堂平台提交作业方式的态度

5. 在学习过程中更注重的评价

调查结果显示:54%的学生更注重来自教师的评价,23%的学生更注重自我评价,15%的学生更注重同伴的评价,8%的学生选择了其他,理由是更加注重来自社会、家长的评价。总体而言,受多种因素的影响,学生还是更加在意教师给自己的打分以及自身学习的感觉,对同伴的评价并不是很注重(图5-62)。

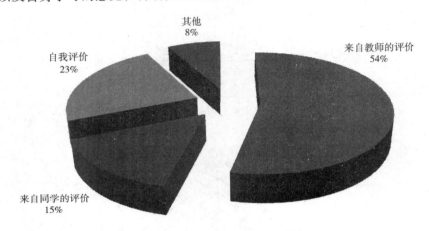

图5-62 学生更注重评价内容

通过调查问卷整体效果的分析,大部分学生对翻转课堂教学持满意态度,学习积极性、参与度相比传统课堂教学有较大改善,但学习动机仍偏重于教师的单方面评价。经本课程的学习,学生不仅收获了专业知识,其学习观念也发生了一定的变化,认识到学习过程中最关键的是养成逻辑思维能力,并非只是简单地学会书本上的基本知识。

小结

充分而有效地利用互联网信息技术给高等职业教育带来的良好机遇,整合、创建适合本校学生的网络学习资源,优化现有的传统教学环境,将线上、线下充分融合,改善高等职业教育院校的教学效果,既是高等职业教育改革的必然选择,也是创建新型社会的必然要求。